中等职业教育土木建筑大类专业"互联网+"数字化创新教材

建筑材料与检测同步训练

廖春洪　主　　编
王玉江　副主编
黄　洁　主　审

中国建筑工业出版社

图书在版编目（CIP）数据

建筑材料与检测同步训练 / 廖春洪主编； 王玉江副
主编 . -- 北京：中国建筑工业出版社， 2025.7.
（中等职业教育土木建筑大类专业"互联网＋"数字化创新
教材）. -- ISBN 978-7-112-31208-5

Ⅰ. TU502

中国国家版本馆 CIP 数据核字第 2025F3T250 号

本书是与廖春洪主编的《建筑材料与检测（第二版）》配套使用的同步训练。

本书内容按主教材的教学单元顺序编排，单元内容由学习要求、知识要点、典型例题、习题练习和材料检测实训等部分构成。习题练习部分包括名词解释、填空、判断、选择、简答、计算等题型，基本涵盖了本课程要求掌握的知识和技能，也涵盖了对口升学考试和职业资格考试中涉及建筑材料方面的内容。本书附有 5 套模拟自测题和参考答案。

本书可以作为职业院校建筑材料课程的教学辅助用书，也可作为参加对口升学考试和相关职业资格考试的复习和训练用书。

责任编辑：刘平平　李　阳
责任校对：张　颖

中等职业教育土木建筑大类专业"互联网＋"数字化创新教材

建筑材料与检测同步训练

廖春洪　主　编
王玉江　副主编
黄　洁　主　审

＊

中国建筑工业出版社出版、发行(北京海淀三里河路 9 号)
各地新华书店、建筑书店经销
北京鸿文瀚海文化传媒有限公司制版
河北京平诚乾印刷有限公司印刷

＊

开本：787 毫米×1092 毫米　1/16　印张：9¾　字数：240 千字
2025 年 6 月第一版　　2025 年 6 月第一次印刷
定价：**29.00 元**
ISBN 978-7-112-31208-5
（44797）

前　言

本书是与廖春洪主编的《建筑材料与检测（第二版）》配套使用的同步训练。

《建筑材料与检测》第一版于 2021 年 2 月出版发行以来，被诸多学校选用，已多次重印，教材入选住房和城乡建设部"十四五"规划教材，入选第一批"十四五"职业教育国家规划教材。为更好配合《建筑材料与检测》课程教学，强化学生理论与实践结合能力，我们结合多年教学经验，精心编写了本书。同步训练紧密围绕建筑材料性能分析与检测技术核心内容，具有以下特色：

一是与教材深度融合。本书各单元同步训练的内容与主教材的教学内容一一对应，涵盖材料基本性质、水泥、混凝土、钢材、防水材料等核心知识模块，通过多样化题型和材料检测实训设计帮助学生巩固理论知识，强化知识体系的系统性和连贯性。

二是注重层次化能力培养。同步训练题目设置遵循"基础→综合→应用"的递进原则，通过填空、选择、判断等题型强化概念认知，借助计算分析、材料检测实训报告表填写等任务培养技术应用能力，提升解决实际问题的综合素养。

三是强化自主学习。每个单元的同步训练由学习要求、知识要点、典型例题、习题训练和材料检测实训构成。知识要点是对教材重点内容的进一步梳理，典型例题有详细解答过程，习题练习配有答案，既可作为课堂训练的延伸，帮助学生突破学习难点，又能满足学生课后自主复习需求。

本书由滇西应用技术大学廖春洪任主编，滇西应用技术大学王玉江任副主编，滇西应用技术大学黄洁主审。廖春洪负责编写单元 1、2、5、7、9，王玉江负责编写单元 6、8、10，滇西应用技术大学钟永梅负责编写单元 4 和各单元的材料检测实训，滇西应用技术大学龙慧明负责编写单元 3 和模拟自测题。

由于编者水平有限，书中难免存在不足之处，敬请广大读者批评指正。

编者
2025 年 2 月

目　录

单元1

绪论

Chapter

【学习要求】

1. 了解建筑材料的分类及技术标准。
2. 掌握材料与质量有关的性质的概念及表示方法，能进行简单的计算分析。
3. 掌握材料与水有关的性质的概念及表示方法，能进行简单的计算分析。
4. 了解材料与热有关的性质的概念及表示方法。
5. 掌握材料的力学性质的概念及表示方法，能进行简单的计算分析。
6. 了解材料耐久性的概念。
7. 了解建筑材料与环境的关系。
8. 了解建筑材料检测的基本要求，能进行简单的材料密度、表观密度、堆积密度的检测。

【知识要点】

一、建筑材料概述

（一）建筑材料发展概况

1. 定义

建筑材料是建筑工程中使用的各种材料的总称，是建筑的物质基础。

2. 发展概况

建筑材料的发展经历了多个阶段，包括初始阶段、第一次飞跃（火的利用）、第二次飞跃（硅酸盐水泥的出现）和第三次飞跃（钢材大规模应用）。

3. 发展方向

现代建筑材料发展趋势是性能和质量提高，品种增加，向轻质、高强、多功能方向发展。

（二）建筑材料的分类

1. 按使用功能

（1）结构材料：用于承受建筑物荷载的材料，如梁、柱、板所用材料；木材、水泥、钢材等。

（2）围护材料：用于建筑物外围，起保护作用的材料，如外墙砖、屋顶瓦等。

（3）功能材料：具有特殊功能或性能的材料，如保温、隔热、隔声、防水、防火材料。

2. 按化学成分

（1）无机材料：主要由无机物组成，如水泥、混凝土、石材等。

（2）有机材料：主要由有机物组成，如木材、塑料、橡胶等。

（3）复合材料：由两种或两种以上不同性质的材料复合而成，如钢筋混凝土、塑铝复合板、水泥石棉制品等。

（三）建筑材料的标准化

1. 标准分类

（1）国家标准：适用于全国范围内的统一标准，GB、GB/T。

（2）行业标准：针对特定行业的技术要求和规范，JGJ、JC。

（3）地方标准：根据地方实际情况制定的标准，DB。

（4）企业标准：企业内部制定的标准，QB。

2. 标准的执行原则

（1）任何技术和产品不得低于强制性国家标准的要求。

（2）推荐性国家标准表示也可执行其他标准。

（3）地方标准或企业标准的技术要求应高于国家标准。

二、材料的物理性质

（一）与质量有关的性质

1. 密度

（1）密度是指材料在绝对密实状态下单位体积的质量。

（2）计算公式：$\rho = \dfrac{m}{V}$

2. 表观密度

（1）表观密度是指材料在自然状态下单位体积的质量。

（2）计算公式：$\rho_0 = \dfrac{m}{V_0}$

3. 堆积密度

（1）堆积密度是指散粒材料在堆积状态下单位体积的质量，既包括颗粒的自然状态下体积，又包含了颗粒之间的空隙体积。

（2）计算公式：$\rho_0' = \dfrac{m}{V_0'}$

4. 密实度与孔隙率

（1）密实度是指材料的体积内被固体物质充满的程度，即材料的绝对密实体积与其总体积之比。

（2）计算公式：$D = \dfrac{V}{V_0} \times 100\% = \dfrac{\frac{m}{\rho}}{\frac{m}{\rho_0}} \times 100\% = \dfrac{\rho_0}{\rho} \times 100\%$

（3）孔隙率是指材料内部孔隙的体积占材料总体积的百分率。

（4）计算公式：$P = \dfrac{V_0 - V}{V_0} \times 100\% = \left(1 - \dfrac{V}{V_0}\right) \times 100\% = \left(1 - \dfrac{\rho_0}{\rho}\right) \times 100\%$

（5）密实度和孔隙率的关系：$D + P = 1$

5．填充率与空隙率

（1）针对散粒状材料如砂、石等，描述了它们相互填充的疏松致密程度。

（2）填充率是指散粒状材料在堆积状态下被材料颗粒所填充的程度。

（3）计算公式：$D' = \dfrac{V_0}{V_0'} \times 100\% = \dfrac{\dfrac{m}{\rho_0}}{\dfrac{m}{\rho_0'}} \times 100\% = \dfrac{\rho_0'}{\rho_0} \times 100\%$

（4）空隙率是指散粒状材料在堆积状态下材料颗粒之间的空隙体积所占的百分率。

（5）计算公式：$P' = \dfrac{V_0' - V_0}{V_0'} \times 100\% = \left(1 - \dfrac{\rho_0'}{\rho_0}\right) \times 100\%$

（二）与水有关的性质

1．亲水性与憎水性

（1）固体材料根据其与水接触时的润湿性，分为亲水性和憎水性，用润湿角区分。

（2）$\theta \leqslant 90°$ 为亲水性材料，$\theta > 90°$ 为憎水性材料。

2．吸水性

（1）吸水性是指材料在水中吸收水分的能力，用吸水率表示。

（2）质量吸水率计算公式：$W_m = \dfrac{m_b - m_g}{m_g} \times 100\%$

（3）体积吸水率计算公式：$W_V = \dfrac{m_b - m_g}{V_0} \cdot \dfrac{1}{\rho_w} \times 100\% = W_m \cdot \rho_0$

（4）材料的孔隙特征影响其吸水性，细微连通的开口孔隙使吸水能力增强。

3．吸湿性

（1）吸湿性是指材料在潮湿空气中吸收水分的性质，用含水率表示。

（2）计算公式：$W_h = \dfrac{m_h - m_g}{m_g} \times 100\%$

4．耐水性

耐水性描述了材料长期在水作用下不破坏且强度不明显下降的性质，用软化系数 K_R 表示。

5．抗渗性

（1）抗渗性是指材料抵抗压力水或其他液体渗透的性质，用渗透系数 K 表示。

（2）开口的连通大孔越多，抗渗性越差。孔隙为闭口孔且孔隙率小的材料抗渗性好。

（3）砂浆、混凝土等材料抗渗性能用抗渗等级 P 来表示，等级越高，抗渗性越好。

6．抗冻性

（1）抗冻性是指材料在吸水饱和状态下能经受多次冻融循环而不破坏的性质。

（2）建筑材料的抗冻性用抗冻等级表示，抗冻等级越高，材料的抗冻性越好。抗冻性能的好坏与材料的含水率、强度及孔隙特征有关。

（三）与热有关的性质

1. 导热性

（1）定义：热量在材料中传导的性质称为导热性，用导热系数表示。

（2）导热系数越小，材料的保温隔热性能越好。

2. 热容性

（1）定义：材料在温度变化时吸收或放出热量的性质称为热容性，用比热表示。

（2）比热大的材料能在温度变化时缓和室内的温度波动。

三、材料的力学性质

（一）强度与比强度

1. 强度

强度是指材料抵抗外力破坏的能力，包括抗拉、抗压、抗弯和抗剪强度。

2. 比强度

比强度是指单位体积质量的材料强度与其表观密度之比，是衡量材料是否轻质、高强的指标。

（二）弹性与塑性

1. 弹性

材料在外力作用下产生变形，当外力去除后，能完全恢复原来形状的性质称为弹性。

2. 塑性

若外力去除后，材料仍保持变形后的形状和尺寸，且不产生裂缝的性质称为塑性。

（三）脆性与韧性

1. 脆性

脆性是指材料在外力作用下无明显塑性变形而突然破坏的性质。如玻璃、陶瓷等。

2. 韧性

韧性是指材料在冲击或振动荷载作用下能吸收较大的能量，产生一定的变形而不破坏的性质。如建筑钢材、木材、橡胶、塑料等。

四、材料的耐久性

1. 定义

材料的耐久性是指材料在使用过程中抵抗周围各种介质侵蚀而不破坏，也不易失去原有性能的性质。

2. 影响因素

影响因素包括：机械作用、物理作用、化学作用和生物作用。

3. 提高方法

提高方法有：提高材料自身抵抗能力、采取保护措施、减轻外界破坏作用。

五、材料与环境

1. 可持续发展与循环经济

建筑材料应遵循可持续发展理念，建立清洁闭环流动模式，避免自然生态破坏。

2. 4R 原则

4R 原则包括：减量化（Reduce）、再利用（Reuse）、再循环（Recycle）、再思考（Rethink），以实现资源生产率的提高和污染排放最小化。

3. 绿色建筑材料

采用清洁生产技术，减少天然资源和能源的使用，大量使用废弃物生产的无毒害、无污染、无放射性材料，有利于环境保护和人体健康。

【典型例题】

【例 1-1】 已知某材料的孔隙率为 2.5%，密度为 2.6g/cm³，试求其表观密度。

解：

密实度：$D = 1 - P = 100\% - 2.5\% = 97.5\%$

表观密度：$\rho_0 = D \times \rho = 97.5\% \times 2.6 = 2.54 \text{g/cm}^3$

【例 1-2】 已知某材料的密度为 2.5g/cm³，表观密度为 2g/cm³，材料的质量吸水率为 6%。试求该材料的孔隙率和体积吸水率。

解：

孔隙率：$P = \left(1 - \dfrac{\rho_0}{\rho}\right) \times 100\% = \left(1 - \dfrac{2}{2.5}\right) \times 100\% = 20\%$

体积吸水率：$W_V = W_m \rho_0 = 6\% \times 2 = 12\%$

【例 1-3】 一块烧结砖，基本尺寸为：240mm × 115mm × 53mm，烘干后质量为 2600g，吸水饱和后质量为 2950g，将该砖磨细过筛，烘干后取 55g，用比重瓶测得其体积为 19cm³。求该砖的吸水率、密度、表观密度。

解：

吸水率：$W_m = \dfrac{m_b - m_g}{m_g} \times 100\% = \dfrac{2950 - 2600}{2600} \times 100\% = 13.5\%$

密度：$\rho = \dfrac{m}{V} = \dfrac{55}{19} = 2.89 \text{g/cm}^3$

表观密度：$\rho_0 = \dfrac{m}{V_0} = \dfrac{2600}{240 \times 115 \times 53 \times 10^{-3}} = 1.78 \text{g/cm}^3$

【例 1-4】 将堆积密度为 1600kg/m³ 的干砂 300g 装入容量瓶中，再将容量瓶注满水后称得质量为 520g，已知空容量瓶加满水时称得的质量为 380g，不考虑水温影响，试求该砂的表观密度和空隙率。

解：

已知：$m_0 = 300\text{g}$，$m_1 = 520\text{g}$，$m_2 = 380\text{g}$

表观密度：
$$\rho_0 = \left(\dfrac{m_0}{m_0 + m_2 - m_1} - \alpha_t\right) \times 1000$$
$$= \left(\dfrac{300}{300 + 380 - 520} - 0\right) \times 1000$$
$$= 1875 \text{kg/m}^3$$

空隙率：$P' = \left(1 - \dfrac{\rho_0'}{\rho_0}\right) \times 100\% = \left(1 - \dfrac{1600}{1875}\right) \times 100\% = 14.67\%$

【例 1-5】 一根直径 d 为 12mm 的钢筋，假设其强度 f 为 300MPa，试求该钢筋能承受的最大拉力 P 是多少？

解：

钢筋横截面面积：$A = \dfrac{\pi d^2}{4} = \dfrac{3.14 \times 12^2}{4} = 113.04 \text{mm}^2$

钢筋能承受的最大拉力：$P = f \times A = 300 \times 113.04 = 33912\text{N}$

 【习题练习】

一、名词解释

1. 表观密度：

2. 孔隙率：

3. 空隙率：

4. 吸湿性：

5. 抗冻性：

6. 导热性：

7. 强度：

8. 弹性：

9. 韧性：

10. 耐久性：

二、填空题

1. 建筑材料按照化学成分的不同，可以分为_____材料、_____材料和_____材料三大类。

2. 目前我国的常用标准有_____标准、_____标准、_____标准、_____标准等四大类。

3. 密度是指材料在_____状态下单位体积的质量。

4. 堆积密度是指_____材料在_____状态下单位体积的质量。

5. 材料在水中吸收水分的能力称为_____，用_____表示。

6. 材料的软化系数范围在_____之间。

7. 抗冻等级是指将材料吸水饱和后，按规定方法进行冻融循环试验，材料的_____和_____均不超过规定数值的_____冻融循环次数。

8. 材料在温度变化时吸收或放出热量的性质称为_____。

9. _____是衡量材料是否轻质、高强的指标。

10. 循环经济标志性特征，即其遵循 4R 原则包括：_____、_____、_____和_____的行为原则。

三、判断题

(　　) 1. 地方标准和企业标准所制定的技术要求不得与国家标准和行业标准相抵触。

(　　) 2. 根据实际情况，地方标准或企业标准的技术要求可以低于国家标准。

(　　) 3. 堆积密度是材料在自然状态下，单位体积的质量。

(　　) 4. 材料的密度总是大于其表观密度。

(　　) 5. 孔隙会对材料的性能产生不同程度的影响。

(　　) 6. 材料的孔隙率越大，其密实度也越大。

(　　) 7. 填充率是指材料颗粒间的空隙被其他颗粒填充的程度。

(　　) 8. 材料在潮湿空气中吸收水分的性质称为吸水性。

(　　) 9. 材料的吸水性与其孔隙率无关。

(　　) 10. 材料含水后对密度没有影响。

(　　) 11. 材料的孔隙率越大，其吸水率越大。

(　　) 12. 材料的软化系数越大，表明材料耐水性越好。

(　　) 13. 材料的抗渗等级越高，其抗渗性越好。

(　　) 14. 一般来说，材料孔隙率增大，绝热性能提高、抗渗性降低。

(　　) 15. 材料的导热系数越大，保温隔热性能越好。

(　　) 16. 比热大的材料能在温度变化时缓和室内的温度波动。

（　　）17. 一般来说，金属材料的导热系数比非金属材料更大。

（　　）18. 建筑工程总体上要求材料的热变形不要太大，设计有隔热保温要求的工程时，应尽量选用热容量（或比热）小、导热系数小的材料。

（　　）19. 材料的强度越高，其比强度越大。

（　　）20. 材料的耐久性只与材料本身的性质有关。

四、单项选择题

1. 建筑材料按其使用功能可分为（　　）两大类。

A. 天然材料与人工材料　　　　　　B. 结构材料与功能材料

C. 有机材料与无机材料　　　　　　D. 金属材料与非金属材料

2. 对于同一种材料的密度、表观密度和堆积密度三者之间的大小关系，下列表述正确的是（　　）。

A. 表观密度＞密度＞堆积密度　　　B. 表观密度＞堆积密度＞密度

C. 密度＞堆积密度＞表观密度　　　D. 密度＞表观密度＞堆积密度

3. 材料密实度和孔隙率的关系是（　　）。

A. $D+P<1$　　　B. $D+P>1$　　　C. $D+P\leqslant1$　　　D. $D+P=1$

4. 散粒状材料相互填充的疏松致密程度可以用（　　）表示。

A. 密实度　　　　B. 孔隙率　　　　C. 吸水率　　　　D. 填充率

5. 普通黏土砖的密度为 $2500kg/m^3$，表观密度为 $1700kg/m^3$，则其孔隙率为（　　）。

A. 68%　　　　　B. 32%　　　　　C. 48%　　　　　D. 52%

6. 某砂子表观密度是 $2.50g/cm^3$，堆积密度为 $1500kg/m^3$，则该砂子的空隙率是（　　）。

A. 60%　　　　　B. 50%　　　　　C. 40%　　　　　D. 30%

7. 亲水性材料的润湿角（　　）。

A. $\theta\leqslant90°$　　　B. $\theta>90°$　　　C. $\theta<90°$　　　D. $\theta=0°$

8. 若材料在干燥时的质量为 450g，则该材料在含水率为 10% 时的质量为（　　）。

A. 500g　　　　　B. 495g　　　　　C. 490g　　　　　D. 505g

9. 含水率为 10% 的湿砂 1100g，其中含有水分的质量为（　　）。

A. 100g　　　　　B. 110g　　　　　C. 101g　　　　　D. 99g

10. 关于建筑材料的吸水性，以下说法正确的是（　　）。

A. 吸水性越高的材料，其防水性能越好

B. 材料的吸水率与其孔隙率和孔隙特征有关

C. 任何材料的吸水率都是固定的，不受环境影响

D. 材料的吸水性与其密度无关

11. 材料的吸水率与孔隙率、孔隙的结构形式有关，（　　）的亲水性材料往往具有较强的吸水能力。

A. 具有封闭孔隙　　　　　　　　　B. 具有粗大开口孔隙

C. 孔隙率较大且具有细小开口连通孔　D. 具有粗大封闭孔隙

12. 材料长期在水作用下不破坏，强度也不明显下降的性质，用（　　）表示。

A. 耐久性　　　　　B. 含水率　　　　　C. 渗透系数　　　　　D. 软化系数

13. 混凝土的抗渗性用抗渗等级表示，P12 中的 12 表示（　　）。

A. 混凝土使用的抗渗年限 12 年

B. 混凝土结构的最小厚度 120mm

C. 混凝土能抵抗 1.2MPa 的水压力而不渗透

D. 混凝土中水泥的抗渗等级 12 级

14. 渗透系数越大，说明（　　）。

A. 水在材料中流动速度越快，抗渗性越差

B. 水在材料中流动速度越快，抗渗性越好

C. 水在材料中流动速度越慢，抗渗性越差

D. 水在材料中流动速度越慢，抗渗性越好

15. F25 的含义是指（　　）。

A. 材料可抵抗 2.5MPa 的水压力而不渗水

B. 材料在规定条件下承受冻融循环的次数

C. 材料在一次冻融循环后，抗压强度下降不超过 25%

D. 都不对

16. 下述导热系数最小的是（　　）。

A. 水　　　　　B. 冰　　　　　C. 空气　　　　　D. 木材

17. 下列材料中，属于脆性材料的是（　　）。

A. 混凝土　　　　　B. 钢材　　　　　C. 木材　　　　　D. 塑料

18. 以下哪种建筑材料具有较好的弹性（　　）。

A. 混凝土　　　　　B. 玻璃　　　　　C. 钢材　　　　　D. 石灰石

19. 建筑材料的基本性质不包括（　　）。

A. 物理性质　　　　　B. 化学性质　　　　　C. 力学性质　　　　　D. 耐水性质

20. 评价亲水性材料在潮湿空气中吸收水分能力的指标是（　　）。

A. 吸水率　　　　　B. 含水率　　　　　C. 软化系数　　　　　D. 吸湿性

21. 下列性质不属于材料的力学性质的有（　　）。

A. 强度　　　　　B. 硬度　　　　　C. 弹性　　　　　D. 导热性

22. 当材料的密度一定时，孔隙率越大，则（　　）。

A. 表观密度越小　　　　　B. 导热系数越大

C. 强度越高　　　　　D. 密实度越大

23. 下列说法错误的是（　　）。

A. 凡含孔隙的固体材料的密实度均小于 1

B. 一般情况下，同一种材料的强度随孔隙率增大而降低

C. 材料的软化系数越小，说明材料的耐水性就越好

D. 材料的弹性与塑性与材料本身的成分有关，还与外界条件有关

24. 某一材料的下列指标中为常数的是（　　）。

A. 密度　　　　　B. 表观密度

C. 导热系数　　　　　D. 强度

25. 下列说法正确的是（　　）。

A. 材料在自然状态下的体积是指材料体积内固体物质所占的体积

B. 石料、砖、混凝土、木材都属于憎水性材料

C. 吸水性是指材料在空气中能吸收水分的性质

D. 材料的吸水率大小与材料的孔隙率和孔隙特征有关

26. 一般来说，材料的孔隙率与下列性能无关的是（　　）。

A. 强度　　　　　　　　　　　　B. 密度

C. 抗冻性、抗渗性　　　　　　　D. 导热性

27. 在以下建筑材料中属于憎水材料的是（　　）。

A. 石料　　　　　　　　　　　　B. 砖

C. 沥青　　　　　　　　　　　　D. 混凝土

28. 材料的耐久性不受（　　）因素影响。

A. 环境湿度　　　　　　　　　　B. 温度变化

C. 化学侵蚀　　　　　　　　　　D. 荷载大小

29. 下列（　　）最能够反映材料在受力时抵抗破坏的能力。

A. 密度　　　　　　　　　　　　B. 弹性模量

C. 强度　　　　　　　　　　　　D. 硬度

30. 当散粒材料的表观密度一定时，空隙率越大，则（　　）。

A. 填充率越大　　　　　　　　　B. 导热系数越大

C. 强度越高　　　　　　　　　　D. 堆积密度越小

五、简答题

1. 什么是材料的塑性？

2. 材料内部的孔隙对材料的吸水性有什么影响？

3. 绿色建材的特征主要有哪些?

六、计算题

1. 某材料孔隙率为 3.9%，表观密度为 2.5g/cm³，试求其密实度和密度。

2. 某一块状材料，完全干燥时的质量为 150g，自然状态下的体积为 50cm³，绝对密实状态下的体积为 30cm³。试计算其密度、表观密度和孔隙率。

3. 某工地所用碎石的密度为 2650kg/m³，堆积密度为 1650kg/m³，表观密度为 2600kg/m³。试求该碎石的孔隙率和空隙率。

4. 某材料在自然条件下，体积为 1m³，孔隙率为 15%，质量为 1900kg，其密度是多少？

5. 在质量为 7.5kg、容积为 10L 的容量筒中，装满气干状态的碎石称得总重为 22.5kg，碎石的空隙率为 4%，求该碎石的堆积密度和表观密度。

6. 某施工现场配制混凝土的干砂计算用量为 780kg，干碎石用量为 1085kg，现场测得砂的含水率为 3%，碎石的含水率为 2%。计算实际应称取的砂和碎石的质量。

7. 用直径为 16mm 的钢筋做抗拉强度试验，测得破坏时的拉力为 82kN，试求此钢筋的抗拉强度。

【材料检测实训】

任务 1：检测施工现场砂样品的密度、表观密度和堆积密度。

任务 2：检测施工现场石子样品的表观密度和堆积密度。

检测实训任务单 1

班级			姓名		检测日期	
检测任务	检测施工现场砂样品的密度、表观密度和堆积密度					
工程名称					产地	
样品名称	□天然砂　　□机制砂　　□混合砂				依据标准	
检测仪器设备	电子秤、烘箱、李氏瓶、容量瓶、容量筒、搪瓷盘等			相关知识	材料的物理性质、建筑材料的基本物理性质检测等	
其他要求						

			检测结果			
密度	干样质量 m(kg)	液体体积 V_1(mL)	液体和试样体积 V_2(mL)	绝对密实体积 $V = V_2 - V_1$(mL)	密度 (kg/m³)	平均值 (kg/m³)
表观密度	干样质量 m_0(kg)	（砂＋水＋瓶）质量 m_1(kg)	（水＋瓶）质量 m_2(kg)	$m_0 + m_2 - m_1$ (kg)	表观密度 (kg/m³)	平均值 (kg/m³)
堆积密度	筒质量 m_1(kg)	筒容积 V_0' (L)	（筒＋样）质量 m_2(kg)	净质量 $m_2 - m_1$(kg)	堆积密度 (kg/m³)	平均值 (kg/m³)

数据分析与评定：

检测实训任务单 2

班级		姓名		检测日期	
检测任务	检测施工现场石子样品的表观密度和堆积密度				
工程名称				产地	
样品名称		□碎石　□卵石		依据标准	
检测仪器设备	电子秤或磅秤、烘箱、容量筒、搪瓷盘、平头铁铲等		相关知识	材料的物理性质、建筑材料的基本物理性质检测等	
其他要求					

<table>
<tr><td colspan="7" align="center">检测结果</td></tr>
<tr>
<td rowspan="3">表观密度</td>
<td>干样质量
m_0(kg)</td>
<td>(试样＋水＋瓶＋玻璃片)
质量 m_1(kg)</td>
<td>(水＋瓶＋玻璃片)
质量 m_2(kg)</td>
<td>$m_0+m_2-m_1$
(kg)</td>
<td>表观密度
(kg/m³)</td>
<td>平均值
(kg/m³)</td>
</tr>
<tr><td></td><td></td><td></td><td></td><td></td><td></td></tr>
<tr><td></td><td></td><td></td><td></td><td></td><td></td></tr>
<tr>
<td rowspan="3">堆积密度</td>
<td>筒质量
m_1(kg)</td>
<td>筒容积 V_0'
(L)</td>
<td>(筒＋样)质量
m_2(kg)</td>
<td>净质量
m_2-m_1(kg)</td>
<td>堆积密度
(kg/m³)</td>
<td>平均值
(kg/m³)</td>
</tr>
<tr><td></td><td></td><td></td><td></td><td></td><td></td></tr>
<tr><td></td><td></td><td></td><td></td><td></td><td></td></tr>
</table>

数据分析与评定：

参考评价表

项目	评价内容	分值	得分	小计	合计
1. 工作态度 （25 分）	1.1 按时到达实训场地,遵守实训室的规章制度。	8 分			
	1.2 有良好的团队协作精神,积极参与完成实训。	10 分			
	1.3 实验结束后,认真清洗仪器、工具并及时归还。	7 分			
2. 实操规范性 （25 分）	2.1 仪器、工具操作规范,无人为损坏。	10 分			
	2.2 能正确测定出材料的各项指标。	10 分			
	2.3 能妥善处理实训过程中异常情况,无安全事故。	5 分			
3. 数据填写 规范性 （25 分）	3.1 能正确记录实训中测定的数据。	10 分			
	3.2 实事求是,不篡改实训数据。	10 分			
	3.3 实训记录表清晰、干净、整洁。	5 分			
4. 材料性能分析 （25 分）	4.1 能正确计算出材料性能指标。	10 分			
	4.2 能根据计算材料指标判断分析材料性能。	10 分			
	4.3 计算过程完整准确。	5 分			

教师评价:

单元 2

Chapter 02

气硬性胶凝材料

 【学习要求】

1. 了解石灰的生产原料及生产过程。
2. 理解石灰熟化和硬化的原理。
3. 掌握石灰的技术指标和主要特性。
4. 掌握石灰在工程中的应用。
5. 了解石膏的生产原料及生产过程。
6. 理解石膏水化与凝结硬化的原理。
7. 掌握石膏的物理力学性能指标要求。
8. 掌握建筑石膏的主要特性。
9. 掌握石膏的应用范围。
10. 了解水玻璃的生产原料及生产过程。
11. 掌握水玻璃的主要性质。
12. 掌握水玻璃在工程中的应用范围。

【知识要点】

一、石灰

（一）石灰的原料及生产

（1）原料：富含碳酸钙（$CaCO_3$），含有少量的碳酸镁（$MgCO_3$）的天然岩石。

（2）生产：煅烧，生成氧化钙和氧化镁。

（3）过火石灰：煅烧过程中温度过高，石灰石中的碳酸钙分解的同时，会导致生成的氧化钙结构密实，并常在其表面形成一层深褐色玻璃状外壳的石灰。

（4）欠火石灰：煅烧过程中温度过低、时间不足或者窑内温度不均匀，会使生石灰中残留有未分解的石灰岩成分。

（二）石灰的熟化和硬化

1. 熟化

（1）将生石灰加水使之发生化学反应，生成以氢氧化钙为主的产物即为熟石灰，这个过程称为石灰的熟化。

（2）特点：放出大量的热量，体积膨胀。

（3）陈伏：是指石灰在熟化后，为了防止过火石灰的危害，在贮灰坑中存放一段时间的过程。

2. 硬化

（1）干燥和碳酸化同时发生。

（2）碳酸化：石灰浆吸收空气中的二氧化碳生成碳酸钙的过程称为碳酸化。

（3）特点：速度慢，体积收缩。

（三）石灰的技术指标和特性

1. 技术指标

（1）钙质生石灰：生石灰中氧化镁含量≤5%。

（2）镁质生石灰：生石灰中氧化镁含量>5%。

（3）按照有效成分（氧化钙＋氧化镁）含量分级，含量越高品质越好。

（4）控制有害成分含量：二氧化碳和三氧化硫。

2. 石灰的特性

（1）凝结硬化慢，强度低。

（2）吸湿性强，耐水性差。

（3）保水性好。

（4）硬化后体积收缩较大。

（5）熟化时放热量大，腐蚀性强。

（四）石灰的应用和贮运

1. 应用

（1）配制石灰砂浆和石灰乳。

（2）配制灰土和三合土。

（3）制作碳化石灰板。

（4）制作硅酸盐制品。

（5）配制无熟料水泥。

2. 贮运

防水防潮、防火，分类、分等存放。

二、石膏

（一）建筑石膏的生产、水化与凝结硬化

（1）原料：以二水硫酸钙为主要成分的天然石膏矿。

（2）生产：煅烧，生成半水硫酸钙。

（3）水化：石膏溶解于水，生成二水硫酸钙析出。

（二）建筑石膏的技术指标

（1）分三类：代号为 N 的天然建筑石膏、代号为 S 的脱硫建筑石膏、代号为 P 的磷建筑石膏。

（2）按 2 小时抗折强度分为 4.0、3.0、2.0 三个等级。

（三）建筑石膏的特性

（1）凝结硬化快。

（2）凝结硬化时体积微膨胀。

（3）孔隙率大。

（4）吸湿性强，耐水性差。

（5）防火性好。

（6）良好的可加工性和装饰性。

（四）建筑石膏的应用

1. 建筑石膏

（1）室内粉刷，配制石膏砂浆。

（2）油漆、涂料打底用腻子。

（3）建筑装饰石膏制品。

2. 模型石膏和高强石膏

（1）制作陶瓷制品的模型，制作室内雕塑。

（2）生产高强石膏板材。

（五）建筑石膏的贮运

防水防潮，分类、分等存放，贮存期为 3 个月。

三、水玻璃

（一）水玻璃的生产、硬化

1. 生产

（1）干法：以纯碱（Na_2CO_3）和石英砂为原料，在 1300～1500℃ 的高温下熔融形成固态水玻璃。

（2）湿法：用石英砂和氢氧化钠溶液，在压蒸锅内通过蒸汽加热，直接反应成为液体水玻璃。

2. 硬化

（1）液体水玻璃在空气中吸收二氧化碳，形成无定形硅酸凝胶。

（2）加入氟硅酸钠（Na_2SiF_6）作为促硬剂。

（二）水玻璃的性质

（1）粘结力强。

（2）耐酸性好。

（3）耐热性好。

（三）水玻璃的应用

（1）涂料。

（2）加固土壤。

（3）配制防水剂。

（4）配制耐酸、耐热混凝土。

（5）修补砖墙裂缝。

 【习题练习】

一、名词解释

1. 气硬性胶凝材料：

2. 过火石灰：

3. 石灰熟化：

4. 石灰陈伏：

5. 石膏水化：

二、填空题

1. 生石灰的主要成分是_____，也会含有少量的_____。

2. 欠火石灰是由于在煅烧过程中_____过低、_____或者窑内温度不均匀所致。

3. 石灰陈伏一般为_____周，期间灰浆表面应留有一层水，防止发生_____。

4. 生石灰中_____含量_____的称为钙质生石灰，其含量_____的称为镁质生石灰。

5. 生石灰和消石灰中要限制含量的有害杂质主要是_____和_____。

6. 三合土是用_____、_____、砂、石或炉渣等材料按一定比例配制而成。

7. 建筑石膏分为_____建筑石膏、_____建筑石膏、_____建筑石膏三类。

8. 水玻璃生成的干法是使用_____和_____为原料。

9. 液体水玻璃在空气中吸收_____，形成无定形_____，并逐渐干燥而硬化。

10. 水玻璃硬化时要加入_____作为促硬剂，促使硅酸凝胶加速析出。

三、判断题

（　　）1. 水硬性胶凝材料只能在空气中硬化。

（　　）2. 生产石灰的原料主要是富含氧化钙的天然岩石。

（　　）3. 过火石灰中氧化钙含量低。

（　　）4. 生石灰熟化为熟石灰后，其体积会膨胀。

（　　）5. 石灰稀释成的石灰乳常用作内墙和顶棚的粉刷涂料。

（　　）6. 硬化后的石灰腐蚀性强。

（　　）7. 碳化石灰板可以作为承重内隔墙板。

（　　）8. 石灰可以长期贮存在干燥通风的仓库内。

（　　）9. 石膏可以用来配制无熟料水泥。

（　　）10. 建筑石膏吸湿性强耐水性差。

（　　）11. 建筑石膏的初凝时间应小于 3min。

（　　）12. 建筑石膏凝结硬化时体积微收缩。

（　　）13. 水玻璃可以用于配制防水剂。

（　　）14. 水玻璃可以用于配制耐碱混凝土。

（　　）15. 水玻璃的模数越小，越难溶于水。

四、单项选择题

1. 石灰粉刷的墙面出现起泡现象，是由（　　）引起的。

A. 欠火石灰 　　　　　　　　　　　B. 过火石灰

C. 石灰中的氧化镁含量高 　　　　　D. 石灰中含泥量高

2. 石灰碳酸化后的化学成分主要是（　　）。

A. 碳酸钙 　　　B. 氧化钙 　　　C. 氢氧化钙 　　　D. 二水硫酸钙

3. 钙质石灰的代号是（　　）。

A. Ca 　　　B. C 　　　C. CL 　　　D. CC

4. 石灰的熟化是一个（　　）反应。

A. 放热 　　　B. 吸热 　　　C. 降低发热量 　　　D. 结晶

5. 石灰硬化时体积（　　）。

A. 不变 　　　B. 膨胀 　　　C. 收缩 　　　D. 先膨胀后收缩

6. 石灰浆体的硬化过程不包括（　　）。

A. 干燥 　　　B. 结晶 　　　C. 碳化 　　　D. 水化

7. 建筑石灰分为钙质石灰和镁质石灰，是根据（　　）成分含量划分的。

A. 氧化钙 　　　B. 氧化镁 　　　C. 氢氧化钙 　　　D. 碳酸钙

8. 罩面用的石灰浆不得单独使用，应掺入砂子、麻刀和纸筋等以（　　）。

A. 便于施工 　　　B. 增加美观 　　　C. 减少收缩 　　　D. 增加厚度

9. 天然石膏矿的主要化学成分是（　　）。

A. 氢氧化钙 　　　B. 碳酸钙 　　　C. 半水硫酸钙 　　　D. 二水硫酸钙

10. 建筑石膏按 2h 的（　　）分为三个等级。

A. 抗折强度 　　　B. 抗剪强度 　　　C. 抗拉强度 　　　D. 抗压强度

11. 石膏制品表面光滑细腻，主要原因是（　　）。

A. 施工工艺好 　　　　　　　　　　B. 表面修补加工

C. 掺纤维等材料 　　　　　　　　　D. 硬化后体积略膨胀

12. 建筑石膏自生产之日算起，贮存期为（　　）个月。

A. 1　　　　　　B. 2　　　　　　C. 3　　　　　　D. 6

13. 硬化后具有较高的粘结强度的材料是（　　）。

A. 石灰　　　　　B. 石膏　　　　　C. 水玻璃　　　　　D. 灰土

14. 配制耐热混凝土可以用（　　）作为胶凝材料。

A. 沥青　　　　　B. 石灰　　　　　C. 石膏　　　　　D. 水玻璃

15. 硬化时会产生很大变形，容易开裂的材料是（　　）。

A. 水泥　　　　　B. 石灰　　　　　C. 石膏　　　　　D. 水玻璃

五、简答题

1. 过火石灰和欠火石灰有何危害？

2. 石灰的特性主要有哪些？

3. 石灰的主要用途有哪些？

4. 建筑石膏的特性主要有哪些？

5. 水玻璃的主要性质和用途有哪些?

单元 3

Chapter 03

水泥

 【学习要求】

1. 了解硅酸盐水泥的生产过程及矿物组成、凝结与硬化。
2. 掌握通用水泥的分类、定义及其代号。
3. 掌握通用水泥的主要技术性质。
4. 掌握通用水泥的质量要求及如何合理选用水泥。
5. 了解水泥石的腐蚀类型及防治措施。
6. 掌握水泥主要技术指标的检测方法。

 【知识要点】

一、通用硅酸盐水泥的定义和分类

（1）通用硅酸盐水泥是以硅酸盐水泥熟料和适量的石膏及规定的混合材料制成的水硬性胶凝材料。

（2）硅酸盐水泥熟料由主要含 CaO、SiO_2、Al_2O_3、Fe_2O_3 的原料，按适当比例磨成细粉，烧至部分熔融，得到的以硅酸钙为主要矿物成分的水硬性胶凝物质。

（3）按混合材料的品种和掺量分为：硅酸盐水泥（P·Ⅰ、P·Ⅱ）、普通硅酸盐水泥（P·O）、矿渣硅酸盐水泥（P·S·A、P·S·B）、粉煤灰硅酸盐水泥（P·P）、火山灰质硅酸盐水泥（P·F）和复合硅酸盐水泥（P·C）。

二、通用硅酸盐水泥的生产过程

（一）生产原料
（1）原料主要是石灰质原料和黏土质原料两类。
（2）石灰质主要提供氧化钙 CaO。
（3）黏土质原料主要提供二氧化硅、三氧化二铝及三氧化二铁。
（4）少量校正原料，如：铁矿粉、黄铁矿渣等。

（二）生产过程

水泥的生产过程可概括为"两磨一烧"：

（1）按比例配制水泥生料并磨细。

（2）将生料在回转窑或立窑内经 1450℃高温煅烧，使之部分熔融形成熟料。

（3）将熟料加入适量石膏，有时还加入适量的混合材料共同磨细即得到水泥成品。

三、硅酸盐水泥的组成材料

水泥熟料主要由四种矿物组成：

（1）硅酸三钙（$3CaO \cdot SiO_2$）。

（2）硅酸二钙（$2CaO \cdot SiO_2$）。

（3）铝酸三钙（$3CaO \cdot Al_2O_3$）。

（4）铁铝酸四钙（$4CaO \cdot Al_2O_3 \cdot Fe_2O_3$）。

各种熟料矿物单独与水作用时所表现的特性详见教材表 3-6。

四、硅酸盐水泥的水化、凝结硬化

（一）硅酸盐水泥的水化

水泥加水拌合后，水泥颗粒立即分散于水中并与水发生化学反应，各组分开始溶解形成水化物，放出一定热量，固相体积逐渐增加。

（二）硅酸盐水泥的凝结、硬化

（1）凝结：水泥加水拌合后形成可塑性的水泥浆，随着水化反应的进行，水泥浆体逐渐变稠失去可塑性，这一过程称为水泥的凝结。

（2）硬化：随着水化反应的继续进行，失去可塑性的水泥浆逐渐产生强度并发展成为坚硬的水泥石，这一过程称为水泥的硬化。

（3）水化是凝结硬化的前提，凝结和硬化是水化的结果。

（4）水泥的凝结、硬化是人为划分的，实际上是一个连续、复杂的物理化学变化过程。

（三）影响硅酸盐水泥凝结硬化的主要因素

主要影响因素：水泥的组成成分、水泥细度、养护的温度和湿度、养护龄期、拌合物用水量、贮存条件等。

五、硅酸盐水泥的技术性质

（一）化学要求

主要包括：不溶物、烧失量、三氧化硫、氧化镁、氯离子的含量要符合规定。

（二）物理要求

1. 标准稠度用水量

（1）水泥净浆在某一用水量和特定测试方法下达到的稠度，称为水泥的标准稠度。这一用水量即称为水泥的标准稠度用水量，以水占水泥质量的百分数表示。

（2）不同品种水泥的标准稠度用水量各不相同，一般在 24%～33%之间。

（3）标准稠度用水量主要取决于熟料矿物的组成、混合材料的种类及水泥的细度。

2．凝结时间

（1）初凝时间：自水泥全部加入水中时起，至水泥浆（标准稠度）开始失去可塑性为止所需的时间。

（2）终凝时间：自水泥全部加入水中时起，至水泥浆完全失去可塑性并开始产生强度所需的时间。

（3）硅酸盐水泥的初凝时间应不小于 45min，终凝时间应不大于 390min。

（4）普通水泥、矿渣水泥、粉煤灰水泥、火山灰水泥、复合水泥的初凝时间应不小于 45min，终凝时间应不大于 600min。

3．安定性

（1）安定性：指水泥在凝结硬化过程中体积变化的均匀性和稳定性。

（2）安定性不良的水泥作不合格品处理，不能用于任何工程中。

（3）安定性不良的原因：熟料中含有过量的游离氧化钙（f-CaO）、游离氧化镁（f-MgO）或三氧化硫（SO_3），或者粉磨熟料时掺入的石膏过量。

4．强度

（1）采用 40mm×40mm×160mm 棱柱体的水泥胶砂抗压强度和抗折强度测定水泥强度。

（2）水泥胶砂配比。水泥：标准砂＝1：3，水灰比：0.5。

（3）分别测定 3d 和 28d 抗压强度和抗折强度。通用硅酸盐水泥不同龄期强度要符合国家标准要求。

5．细度

（1）细度是指水泥颗粒的粗细程度。

（2）水泥颗粒越细，与水接触的表面积越大，水化反应越快，早期强度越高。

（3）水泥细度的评定可采用筛分析法和比表面积法。

6．水化热

（1）水泥与水发生水化反应所放出的热量称为水化热，通常用 J/kg 表示。

（2）水化热的大小主要与水泥的细度及矿物组成有关。

7．表观密度与堆积密度

（1）表观密度一般在 3.1～3.2g/cm³ 。

（2）水泥在松散状态时的堆积密度一般在 900～1300kg/m³ 之间，紧密堆积状态可达 1400～1700kg/m³ 。

8．合格品判定规则

水泥检验结果符合组分、化学要求、凝结时间、安定性、强度、细度技术要求时为合格品；检验结果不符合上述任何一项技术要求时为不合格品。

六、水泥的选择

（1）通用硅酸盐水泥的主要技术性能见教材表 3-10。

（2）通用硅酸盐水泥可按教材表 3-11 选择。

七、水泥石的腐蚀及防治措施

（一）水泥石的腐蚀类型

1．溶解腐蚀：水泥石中的氢氧化钙能溶解于水。

2. 化学腐蚀：水泥石在腐蚀性液体或气体的作用下，生成新的化合物。

（1）盐类腐蚀：硫酸盐的腐蚀，镁盐的腐蚀。

（2）酸类腐蚀：水中的二氧化碳与水泥石中的氢氧化钙反应生成碳酸钙，碳酸钙继续与含碳酸的水作用变成易溶解于水的碳酸氢钙流失。

（3）强碱腐蚀：铝酸盐含量较高的水泥遇到强碱（如氢氧化钙）作用后，生成易溶的铝酸钙导致水泥石的胀裂破坏。

（二）水泥石腐蚀的原因

（1）水泥石中存在易被腐蚀的氢氧化钙和水化铝酸钙。

（2）水泥石本身不密实，侵蚀性介质易于进入其内部。

（3）水泥石外部存在着侵蚀性介质。

（三）水泥石腐蚀的防治

（1）根据侵蚀环境特点，合理选用水泥品种。

（2）提高水泥石的密实度。

（3）加做保护层。

八、其他品种的水泥

白色硅酸盐水泥、快硬硅酸盐水泥、膨胀水泥、中热硅酸盐水泥、低热硅酸盐水泥、道路硅酸盐水泥、砌筑水泥等。

 【典型例题】

【例 3-1】建筑材料试验室对一普通硅酸盐水泥试样进行了检测，试验结果如下表所示，试确定其强度等级。

抗折强度破坏荷载(kN)		抗压强度破坏荷载(kN)	
3d	28d	3d	28d
1.30	2.80	22	71
		29	72
1.70	3.00	28	70
		27	67
1.63	2.65	25	70
		26	67

解：

1. 抗折强度计算

（1）3d 抗折强度破坏荷载的平均值为：

$$\overline{F_{f3}} = \frac{1.30 + 1.70 + 1.63}{3} = 1.54 \text{kN}$$

判断最大值 1.7、最小值 1.3 与平均值 1.54 之差是否超过平均值的 10%，因：

$$\frac{1.7-1.54}{1.54}\times100\%=10.4\%>10\%$$

$$\frac{1.54-1.3}{1.54}\times100\%=15.6\%>10\%$$

故舍去 1.7、1.3，取水泥试样 3d 抗折强度破坏荷载为：

$$F_{f3}=1.63\text{kN}$$

该水泥试样的 3d 抗折强度为：

$$R_f=\frac{1.5F_fL}{b^3}=\frac{1.5\times1.63\times1000\times100}{40\times40\times40}=\frac{244500}{64000}=3.82\text{MPa}$$

（2）28d 抗折强度破坏荷载的平均值为：

$$\overline{F_{f28}}=\frac{2.8+3+2.65}{3}=2.82\text{kN}$$

判断最大值 3、最小值 2.65 与平均值 2.82 之差是否超过平均值的 10%，经计算比较（省略），均未超过平均值的 10%，取：

$$F_{f28}=2.82\text{kN}$$

该水泥试样的 28d 抗折强度为：

$$R_f=\frac{1.5F_fL}{b^3}=\frac{1.5\times2.82\times1000\times100}{40\times40\times40}=\frac{423000}{64000}=6.61\text{MPa}$$

2. 抗压强度计算

（1）3d 抗压强度破坏荷载的平均值为：

$$\overline{F_{c3}}=\frac{22+29+28+27+25+26}{6}=26.17\text{kN}$$

判断最大值 29、最小值 22 与平均值 26.17 之差是否超过平均值的 10%，因：

$$\frac{26.17-22}{26.17}\times100\%=15.9\%>10\%$$

故舍去 22 的，重新计算该水泥试样 3d 抗压强度破坏荷载的平均值，即：

$$\overline{F_{c3}}=\frac{29+28+27+25+26}{5}=27\text{kN}$$

判断最大值 29、最小值 25 与平均值 27 之差是否超过平均值的 10%，经计算比较（省略），均未超过平均值的 10%，取：

$$F_{c3}=27\text{kN}$$

该水泥试样的 3d 抗压强度为：

$$R_c=\frac{F_c}{A}=\frac{27\times1000}{1600}=16.88\text{MPa}$$

（2）28d 抗压强度破坏荷载的平均值为：

$$\overline{F_{c28}}=\frac{71+72+70+67+70+67}{6}=69.5\text{kN}$$

判断最大值 72、最小值 67 与平均值 69.5 之差是否超过平均值的 10%，经计算比较（省略），均未超过平均值的 10%，故：

$$F_{c28}=69.5\text{kN}$$

该水泥试样的 28d 抗压强度为：

$$R_c = \frac{F_c}{A} = \frac{69.5 \times 1000}{1600} = 43.44\text{MPa}$$

3. 汇总

该普通硅酸盐水泥试样在不同龄期的强度汇总如下表。

抗压强度（MPa）		抗折强度（MPa）	
3d	28d	3d	28d
16.88	43.44	3.82	6.61

根据通用硅酸盐水泥不同龄期强度要求，可知该水泥试样强度等级为普通硅酸盐水泥 42.5 级。

 【习题练习】

一、名词解释

1. 水泥的凝结：

2. 水泥体积安定性：

3. 普通硅酸盐水泥：

4. 火山灰质硅酸盐水泥：

5. 标准稠度用水量：

二、填空题

1. 硅酸盐类水泥是由以＿＿＿＿为主要成分的水泥熟料、适量的＿＿＿＿及规定的混合材料制成的水硬性胶凝材料。

2. 随着水泥水化、凝结的继续，浆体逐渐转变为具有一定强度的坚硬固体水泥石，这一过程称为＿＿＿＿。稠度净浆开始失去＿＿＿＿的时间。

3. 水泥标准稠度用水量是指＿＿＿＿达到标准稠度时所需要的水，通常用水与水泥质量的比（百分数）来表示。

4. 硅酸盐水泥和普通硅酸盐水泥包装袋两侧应采用_____色印刷或喷涂_____和_____。

5. 通用水泥中，Ⅰ型硅酸盐水泥代号为_____，普通水泥代号为_____，火山灰质硅酸盐水泥代号为_____，粉煤灰水泥代号为_____。

6. 硅酸盐水泥熟料中提高_____含量，可制成高强快硬水泥。

7. 硅酸盐水泥的水化反应为_____反应，其放出的热量称为_____。

8. 普通水泥中氧化镁的含量不宜超过_____。

9. 水泥的凝结时间分为_____和_____。

10. 硅酸盐水泥的初凝时间不得早于_____，终凝时间不迟于_____。

11. 袋装水泥的堆放高度不得超过_____袋。

12. 膨胀水泥按膨胀值大小，可将膨胀水泥分为_____和_____两大类。

13. 水泥胶砂强度检测实验中，水泥用量为_____g；标准砂用量为_____g。

14. 通常快硬硅酸盐水泥熟料中_____含量50％～60％，_____的含量为8％～14％，二者总含量应不小于_____。

15. 快硬水泥水化放热速度_____，水化热_____，早期强度_____。

16. 水泥细度越细，与水接触的表面积_____，水化反应_____，早期强度_____。

17. 水泥细度的评定可采用_____和_____。

18. 水泥是一种粉状_____无机胶凝材料。

三、判断题

（　　）1. 硅酸盐水泥中含有氧化钙、氧化镁及过多的石膏，都会造成水泥的体积安定性不良。

（　　）2. 硅酸盐水泥的细度越细越好。

（　　）3. 硅酸盐水泥的初凝时间不迟于 45min。

（　　）4. 因水泥是水硬性胶凝材料，所以运输和贮存中不怕受潮。

（　　）5. 快硬硅酸盐水泥是根据它们的 1d 龄期的抗折强度及抗压强度来确定标号的。

（　　）6. 测定水泥强度用的胶砂质量配比为水泥：标准砂＝1：3。

（　　）7. 抗渗性要求高的混凝土工程，不能选用矿渣硅酸盐水泥。

（　　）8. 体积安定性检验不合格的水泥可以降级使用或作混凝土掺合料。

（　　）9. 水泥的凝结时间不合格，可以降级使用。

（　　）10. 采用 50mm×50mm×160mm 棱柱体的水泥胶砂抗压强度和抗折强度测定水泥强度。

（　　）11. 硅酸盐水泥的强度等级是依据 3d 和 28d 的抗压、抗折强度确定。

（　　）12. 存放期超过三个月的水泥应降低强度等级使用。

（　　）13. 水泥强度与水泥强度等级是同一概念。

（　　）14. 施工中，不同品种的水泥不可以混合使用。

四、单项选择题

1. 为调整硅酸盐水泥的凝结时间，在生产的最后阶段还要加入（　　）。

A. 石灰石　　　　　　B. 石膏　　　　　　C. 氧化钙　　　　　D. 铁矿石

2. 硅酸盐水泥熟料中干燥收缩最小、耐磨性最好的是（　　　）。

A. 硅酸三钙　　　　　　　　　　　　B. 硅酸二钙

C. 铝酸三钙　　　　　　　　　　　　D. 铁铝酸四钙

3. 硅酸盐水泥的初凝时间不小于（　　　）min。

A. 45　　　　　　B. 50　　　　　　C. 40　　　　　　D. 55

4. 通用水泥的贮存时间不宜过长，一般不超过（　　　）。

A. 1 年　　　　　B. 半年　　　　　C. 3 个月　　　　　D. 1 个月

5. 对于大体积混凝土工程，应选择（　　　）。

A. 硅酸盐水泥　　　　　　　　　　　B. 普通硅酸盐水泥

C. 矿渣硅酸盐水泥　　　　　　　　　D. 高铝硅酸盐水泥

6. 水泥强度检测的试件脱模后立即水平或竖直放在（　　　）水中养护。

A. 20℃±1℃　　　B. 25℃±1℃　　　C. 25℃±2℃　　　D. 20℃±2℃

7. 受侵蚀性介质作用的混凝土，不宜选用（　　　）。

A. 硅酸盐水泥　　　　　　　　　　　B. 复合硅酸盐水泥

C. 矿渣硅酸盐水泥　　　　　　　　　D. 火山灰硅酸盐水泥

8. 煮沸法是检测（　　　）所用的方法。

A. 细度　　　　　　　　　　　　　　B. 标准稠度需水量

C. 安定性　　　　　　　　　　　　　D. 凝结时间

9. 水泥胶砂强度检测时，水泥与标准砂的比例为（　　　）。

A. 1∶2.0　　　　B. 1∶2.5　　　　C. 1∶3.0　　　　D. 1∶3.5

10. 引起硅酸盐水泥体积安定性不良的原因之一是水泥熟料中（　　　）含量过多。

A. CaO　　　　　B. 游离 CaO　　　C. $Ca(OH)_2$　　　D. $CaCO_3$

11. 对于干燥环境中的混凝土工程，应选用（　　　）。

A. 普通水泥　　　B. 火山灰水泥　　　C. 矿渣水泥　　　　D. 粉煤灰水泥

12. 安定性不合格的水泥（　　　）使用。

A. 严禁　　　　　B. 降低强度等级　　C. 放置后　　　　D. 混合

13. 检验水泥强度的方法是（　　　）。

A. 沸煮法　　　　B. ISO 法　　　　C. 筛分析法　　　D. 环球法

14. 水泥加水拌合起至水泥开始失去可塑性所需时间称为（　　　）时间。

A. 硬化　　　　　B. 终凝　　　　　C. 初凝　　　　　D. 凝结

15. 矿渣水泥优先用于（　　　）混凝土结构工程。

A. 抗渗　　　　　B. 高温　　　　　C. 抗冻　　　　　D. 抗磨

16. 大体积混凝土施工，不宜选用（　　　）。

A. 矿渣水泥　　　　　　　　　　　　B. 普通水泥、硅酸盐水泥

C. 粉煤灰水泥　　　　　　　　　　　D. 火山灰水泥

17. 用于大体积混凝土结构并有耐热耐火要求的高温车间工程，应选用（　　　）水泥。

A. 硅酸盐水泥或普通硅酸盐　　　　　B. 火山灰硅酸盐

C. 矿渣硅酸盐   D. 粉煤灰硅酸盐

18. 下列关于硅酸盐水泥的性质及应用的叙述，错误的是（   ）。

A. 水化放热量大，宜用于大体积混凝土工程

B. 凝结硬化速度快、抗冻性好，适用于冬期施工

C. 强度等级较高，常用于重要结构的高强混凝土

D. 硅酸盐水泥石中含有较多的氢氧化钙，不宜用于水利工程

19. 水泥强度等级中带有 "R" 标记的是（   ）。

A. 早强水泥   B. 普通水泥

C. 矿渣硅酸盐水泥   D. 火山灰质水泥

20. 按同一生产厂家、同一等级、同一品种、同一批号且连续进场（厂）的水泥，袋装不超过（   ）t 为一批，散装不超过（   ）t 为一批，每批抽样数量不应少于一次。

A. 200，500   B. 200，300   C. 300，400   D. 200，400

五、简答题

1. 硅酸盐水泥熟料由哪些主要的矿物组成？

2. 影响硅酸盐水泥凝结硬化的因素有哪些？

3. 通用硅酸盐水泥生产过程可以概括为哪几个步骤？

4. 水泥石腐蚀的防护措施有哪些？

5. 水泥包装袋上应标明的内容有哪些？

六、计算题

建筑材料试验室对一普通硅酸盐水泥试样进行了检测，试验结果如下表，试确定其强度等级。

抗折强度破坏荷载(kN)		抗压强度破坏荷载(kN)	
3d	28d	3d	28d
1.5	2.7	25	75
		30	74
2.0	3.2	28	70
		31	65
1.8	2.9	29	72
		32	67

📋 【材料检测实训】

任务：检测水泥的细度、标准稠度用水量、凝结时间、安定性、水泥胶砂强度。

检测实训任务单

班级		姓名		检测日期		
检测任务	检测水泥的细度、标准稠度用水量、凝结时间、安定性、水泥胶砂强度					
工程名称				产地		
样品名称/强度等级				依据标准		
检测仪器设备	电子秤、试验筛、负压筛析仪、比表面积测定仪、标准稠度与凝结时间测定仪、水泥净浆搅拌机、雷氏夹膨胀值测定仪、沸煮箱、胶砂搅拌机、胶砂振动台、抗折试验机、抗压强度试验机和抗压夹具等			相关知识	硅酸盐水泥、掺混合材料的硅酸盐水泥、水泥的技术指标检测等	
其他要求						

检测结果						
检测项目		计量单位	标准值		检验结果	
细度	$45\mu m$ 方孔筛筛余	%	≤5			
	比表面积	m^2/kg	≥300			
凝结时间	初凝	min	≥45			
	终凝	min	—			
安定性	雷氏法	mm				
	试饼法		无裂缝、无弯曲			
标准稠度用水量		%				
密度		g/cm^3				
胶砂流动度		mm	≥180			

水泥胶砂强度		单位	标准值规定	单块值			平均值
抗折强度	3d	MPa					
	28d	MPa					
抗压强度	3d	MPa					
	28d	MPa					

数据分析与评定：

参考评价表

项目	评价内容	分值	得分	小计	合计
1. 工作态度 （25分）	1.1 按时到达实训场地，遵守实训室的规章制度。	8分			
	1.2 有良好的团队协作精神，积极参与完成实训。	10分			
	1.3 实验结束后，认真清洗仪器、工具并及时归还。	7分			
2. 实操规范性 （25分）	2.1 仪器、工具操作规范，无人为损坏。	10分			
	2.2 能正确测定出材料的各项指标。	10分			
	2.3 能妥善处理实训过程中异常情况，无安全事故。	5分			
3. 数据填写 规范性 （25分）	3.1 能正确记录实训中测定的数据。	10分			
	3.2 实事求是，不篡改实训数据。	10分			
	3.3 实训记录表清晰、干净、整洁。	5分			
4. 材料性能分析 （25分）	4.1 能正确计算出材料性能指标。	10分			
	4.2 能根据计算材料指标判断分析材料性能。	10分			
	4.3 计算过程完整准确。	5分			

教师评价：

单元 4

 Chapter **04**

混凝土

 【学习要求】

1. 了解混凝土的定义、分类。
2. 了解普通混凝土的特点。
3. 了解普通混凝土的组成材料。
4. 掌握普通混凝土组成材料的技术要求。
5. 掌握新拌混凝土和易性的概念和评价指标及其影响因素。
6. 掌握硬化混凝土的强度和耐久性及其影响因素。
7. 掌握混凝土常用外加剂的种类及适用范围。
8. 掌握普通混凝土配合比设计方法。
9. 掌握砂石的进场验收、取样、试验。
10. 掌握混凝土的取样要求和主要性能指标的检测方法。
11. 了解其他混凝土的特点及应用。

 【知识要点】

一、概述

(一) 混凝土的定义与分类

1. 混凝土的定义

混凝土是由胶凝材料、粗骨料、细骨料、水,必要时掺入外加剂或矿物质混合材料,按预先设计好的比例拌合、密实成型,并于一定条件下养护硬化而成的人造石材的总称。

2. 混凝土的分类

按胶凝材料种类分	按用途分	按生产和施工方法分	按表观密度分
水泥混凝土	结构混凝土	泵送混凝土	重混凝土
聚合物混凝土	防水混凝土	喷射混凝土	普通混凝土

续表

按胶凝材料种类分	按用途分	按生产和施工方法分	按表观密度分
硅酸盐混凝土	道路混凝土	碾压混凝土	轻混凝土
石膏混凝土	耐酸混凝土	真空脱水混凝土	
水玻璃混凝土	装饰混凝土	离心混凝土	
沥青混凝土	耐热混凝土	预拌混凝土	
	水工混凝土		
	大体积混凝土		

（二）混凝土的特点

（1）易于加工成型。

（2）与钢筋有牢固的粘结力，可做成钢筋混凝土结构。

（3）可根据不同要求，配制出具有特定性能的混凝土产品。

（4）组成材料中的砂、石等地方材料占 80％以上，符合就地取材和经济原则。

（5）可以浇筑成抗震性良好的整体建筑物，也可以做成各种类型的装配式预制构件。

（6）可以充分利用工业废料，减少对环境的污染，有利于环保。

（7）耐久性好，维修费少。

二、普通混凝土的组成材料

（一）水泥

（1）水泥品种应根据结构物所处的环境条件、施工条件和水泥的特性等因素综合考虑。一般可采用六大品种的通用硅酸盐水泥。

（2）水泥强度等级应与要求配制的混凝土强度等级相适应。混凝土的强度等级越高，所选择的水泥强度等级也越高；混凝土的强度等级越低，所选择的水泥强度等级也越低。

（二）拌合及养护用水

国家标准《混凝土用水标准》JGJ 63—2006 规定，凡符合国家标准的生活饮用水均可用于拌制和养护各种混凝土。

（三）细骨料（砂）

粒径在 $150\mu m \sim 4.75mm$ 之间的岩石颗粒，称为细骨料。应符合《建设用砂》GB/T 14684—2022 的规定。

1. 有害杂质含量

黏土、淤泥、有机物、云母、硫化物及硫酸盐等杂质。

2. 粗细程度和颗粒级配

（1）颗粒级配是指砂中不同颗粒搭配的情况。砂的颗粒级配良好，则其空隙率和总表面积都较小。用这种级配良好的砂配制混凝土，既节约了水泥用量，又有助于混凝土和易性、强度和密实度的提高。

（2）砂的粗细程度是指不同粒径的砂粒混合在一起的平均粗细程度。在相同砂用量条件下，细砂的总表面积大，拌制混凝土时，需要用较多的水泥浆去包裹，而粗砂则可减少水泥浆用量。

（3）砂的粗细程度用细度模数（μ_f）表示；用级配区表示砂的颗粒级配。

$$\mu_f = \frac{(\beta_2 + \beta_3 + \beta_4 + \beta_5 + \beta_6) - 5\beta_1}{100 - \beta_1}$$

μ_f 在 3.7～3.1 为粗砂，μ_f 在 3.0～2.3 为中砂，μ_f 2.2～1.6 为细砂，μ_f 1.5～0.7 为特细砂。

（四）粗骨料（石子）

粒径大于 4.75mm 的颗粒称为粗骨料。普通混凝土常用的粗骨料分碎石和卵石两类。混凝土用石子应符合《建设用卵石、碎石》GB/T 14685—2022 标准。

1. 有害杂质含量及针片状颗粒含量

（1）有害杂质含量应符合教材表 4-2 的规定。

（2）严格控制针片状颗粒在骨料中的含量，应符合国家标准规定。

2. 颗粒级配和最大粒径

（1）颗粒级配

连续粒级：指颗粒的尺寸由大到小连续分布，每一级颗粒都占一定的比例，又称连续级配。连续粒级大小搭配合理，配制的混凝土拌合物和易性好，不易发生离析现象。

单粒粒级：单粒粒级石子主要用于组合成具有要求级配的连续粒级，或与连续粒级混合使用，用来改善级配或配成较大粒度的连续粒级。

（2）最大粒径

粗骨料的粗细程度用最大粒径表示。公称粒级的上限称为该粒级的最大粒径。为节约水泥，粗骨料的最大粒径在条件允许时，尽量选大值。

3. 坚固性

坚固性是卵石、碎石在外界物理化学因素作用下抵抗破裂的能力。骨料越密实、强度越高、吸水率越小，其坚固性越好。坚固性越好，混凝土的耐久性越好。

4. 强度

可用岩石的立方体抗压强度和压碎指标两种方法表示。

三、混凝土拌合物的和易性

1. 和易性的概念

（1）和易性是指混凝土拌合物易于施工操作（搅拌、运输、浇筑、捣实），并能获得均匀、密实的混凝土的性能。

（2）和易性是一项综合性的技术指标，包括流动性、黏聚性和保水性三方面的性能。

（3）混凝土拌合物必须具有良好的和易性，才能便于施工和获得均匀而密实的混凝土，从而保证混凝土的强度和耐久性。

2. 和易性的测定

（1）混凝土拌合物的流动性可采用坍落度法和维勃稠度法测定，并观察黏聚性和保水性。

（2）选择混凝土拌合物的坍落度，要根据结构类型、构件截面大小、配筋疏密、输送方式和施工捣实方法等因素来确定。原则上应在便于施工操作并能保证振捣密实的条件下，尽可能取较小的坍落度。

3. 影响和易性的因素

（1）用水量。拌合物流动性随用水量增加而增大。若用水量过大，使拌合物黏聚性和保水性都变差，会产生严重泌水、分层或流浆；同时，强度和耐久性也随之降低。

（2）水泥浆用量。如保持水灰比不变，水泥浆越多，流动性越大，但水泥浆过多不仅增加水泥用量，还会出现流浆现象，使拌合物的黏聚性变差，对混凝土的强度和耐久性也会产生不利影响；水泥浆越少则流动性越小，还不能填满骨料间空隙，拌合物就会产生崩塌现象，黏聚性也变差。

（3）砂率。砂率是指混凝土中砂的质量占砂石总质量的百分率。当砂率适宜时，砂不但填满石子间的空隙，而且还能保证粗骨料间有一定厚度的砂浆层，以减小粗骨料间的摩擦阻力，使混凝土拌合物有较好的流动性。这个适宜的砂率，称为合理砂率。

（4）材料品种的影响。级配良好的骨料，空隙率小，在水泥浆量一定时，填充用的水泥浆减少，且润滑层较厚，和易性好。普通硅酸盐水泥所配制的混凝土拌合物的流动性和保水性较好。

（5）施工方面的影响。施工中环境温度、湿度的变化，运输时间的长短，称料设备、搅拌设备及振捣设备的性能等都会对和易性产生影响。

四、混凝土的强度和耐久性

1. 混凝土养护

混凝土成型后，必须在一定时间内保持适当的温度和足够的湿度，以使水泥充分水化，这就是混凝土的养护。

2. 混凝土的强度

（1）混凝土立方体抗压强度

制作边长为 150mm 的标准立方体试件，在标准条件（温度为 20℃±2℃，相对湿度为 95% 以上）下，或在水中养护到 28d 龄期，所测得的抗压强度值为混凝土立方体抗压强度，以 f_{cu} 表示。

混凝土强度等级按混凝土立方体抗压强度标准值确定。

非标准试件的强度应换算成标准试件的抗压强度值。

（2）混凝土轴心抗压强度

混凝土轴心抗压强度采用 150mm×150mm×300mm 的标准试件，在标准条件下养护 28d，测其抗压强度，即为轴心抗压强度标准值（f_{cp}）。

（3）混凝土的劈裂抗拉强度

在钢筋混凝土结构中，不考虑混凝土承受结构中的拉力，拉力由钢筋来承受。混凝土抗拉强度是结构设计中确定混凝土抗裂度的主要指标。

（4）混凝土与钢筋的粘结强度

混凝土抗压强度越高，其粘结强度越高。

3. 影响混凝土强度的因素

（1）水泥强度等级与水灰比。水泥强度等级越高，配制成的混凝土强度也越高。水灰比越小，配制成的混凝土强度越高。

（2）骨料的质量。当骨料级配良好、砂率适当时，组成了坚强密实的骨架，有利于混凝土强度的提高。

（3）养护条件和龄期。混凝土的强度将随龄期的增长而不断发展，最初几天强度发展较快，以后逐渐缓慢，28d 达到设计强度。

（4）试验条件。棱柱体试件要比立方体试件测得的强度值小。材料用量相同的混凝土试件，其尺寸越大，测得的强度越低。当混凝土试件受压面上有油脂类润滑物时，测出的强度值较低。加荷速度越快，测得的混凝土强度值越大。

4. 提高混凝土强度的措施

（1）采用高强度等级的水泥。

（2）采用水灰比较小、用水量较少的干硬性混凝土。

（3）采用级配良好的骨料及合理的砂率值。

（4）采用蒸汽养护和蒸压养护。

（5）采用机械搅拌、机械振捣，改进施工工艺。

（6）在混凝土中掺加减水剂、早强剂等外加剂，可提高混凝土的强度或早期强度。

5. 混凝土的耐久性

混凝土抵抗环境介质作用并长期保持强度和外观完整性，维持混凝土结构的安全和正常使用的能力称为混凝土耐久性。

（1）抗冻性。是指混凝土在水饱和状态下，经受多次冻融循环作用而不被破坏，强度和质量也不严重降低的性能。混凝土的抗冻性用抗冻等级 F 表示。

（2）抗渗性。是指混凝土抵抗液体渗透的性能。用抗渗等级表示，共有 P4、P6、P8、P10、P12 和大于 P12 六个等级。

（3）碳化。是指空气中的二氧化碳在潮湿的条件下与水泥的水化产物氢氧化钙发生反应，生成碳酸钙和水的过程。碳化可提高混凝土碳化层的密实度，对提高抗压强度有利。但碳化减弱了对钢筋的保护作用；增加混凝土的收缩，引起混凝土表面产生拉应力而出现细微裂缝，从而降低混凝土的抗拉、抗折强度及抗渗能力。

（4）碱-骨料反应。是指水泥中的碱（Na_2O、K_2O）与骨料中的活性二氧化硅发生化学反应，在骨料表面生成复杂的产物，这种产物吸水后，体积膨胀约 3 倍以上，导致混凝土产生膨胀开裂而破坏的现象。

（5）抗侵蚀性。是指混凝土抵抗环境水侵蚀的能力。混凝土的抗侵蚀性主要取决于水泥的抗侵蚀性。

五、普通混凝土配合比设计

（一）混凝土配合比设计的基本要求

（1）满足混凝土结构设计所要求的强度等级。

（2）满足混凝土施工所要求的和易性。

（3）满足工程所处环境和使用条件对耐久性的要求。

（4）在满足上述要求的前提下，尽量节约水泥，以满足经济性要求。

（二）混凝土配合比设计中的三个重要参数

三个重要参数：水灰比、砂率、单位用水量。

（三）混凝土配合比设计的方法与步骤

1. 初步配合比的计算

（1）确定混凝土配制强度

$$f_{cu,0} \geqslant f_{cu,k} + 1.645\sigma$$

（2）确定水灰比

$$\frac{W}{C} = \frac{\alpha_a f_{ce}}{f_{cu,0} + \alpha_a \alpha_b f_{ce}}$$

（3）确定单位用水量

塑性和干硬性混凝土的用水量（m_{w0}）可参考教材表 4-22 选取。

（4）确定水泥用量

$$m_{c0} = \frac{m_{w0}}{W/C}$$

（5）确定砂率

砂率（β_s）可参考教材表 4-23 选取。

（6）确定粗、细骨料用量

① 质量法：

$$m_{c0} + m_{s0} + m_{g0} + m_{w0} = m_{cp}$$

$$\beta_s = \frac{m_{s0}}{m_{g0} + m_{s0}} \times 100\%$$

② 体积法：

$$\frac{m_{c0}}{\rho_{c0}} + \frac{m_{g0}}{\rho_{g0}} + \frac{m_{s0}}{\rho_{s0}} + \frac{m_{w0}}{\rho_{w0}} + 0.01\alpha = 1$$

$$\beta_s = \frac{m_{s0}}{m_{g0} + m_{s0}} \times 100\%$$

（7）得出初步配合比

$$m_{c0} : m_{s0} : m_{g0} = 1 : \frac{m_{s0}}{m_{c0}} : \frac{m_{g0}}{m_{c0}}, \quad \frac{W}{C} = \frac{m_{w0}}{m_{c0}}$$

2. 混凝土配合比的试配、调整

在保证水灰比不变的条件下相应调整用水量或砂率，直到符合和易性要求为止。

3. 确定设计配合比

计算理论表观密度值和校正系数 δ，当实测值与理论值差异不超过 2% 时确认设计配合比，否则需调整材料用量。

4. 施工配合比

$$m'_c = m_c$$
$$m'_s = m_s(1 + a\%)$$
$$m'_g = m_g(1 + b\%)$$
$$m'_w = m_w - a\% m_s - b\% m_g$$

六、混凝土外加剂

（一）减水剂

（1）减水剂是指在混凝土拌合物坍落度基本不变的条件下，能显著减少混凝土拌合用水量的外加剂。

（2）减水剂可增加混凝土拌合物的流动性，提高混凝土的强度，改善混凝土的耐久性，节约水泥，掺用减水剂后，还可以改善混凝土拌合物的泌水、离析现象，延缓混凝土拌合物的凝结时间，减慢水泥水化放热速度。

（二）引气剂

（1）引气剂是指在混凝土搅拌过程中，能引入大量分布均匀的、稳定而封闭的微小气泡的外加剂。

（2）引气剂能减少混凝土拌合物泌水、离析，改善和易性，并能显著提高混凝土抗冻性、抗渗性。

（三）早强剂

（1）早强剂是指能提高混凝土早期强度，并对后期强度无显著影响的外加剂。

（2）早强剂常用于混凝土的快速低温施工，特别适用于冬期施工或紧急抢修工程。

（四）缓凝剂

（1）缓凝剂是指能延缓混凝土凝结时间，并对混凝土后期强度发展无不利影响的外加剂。

（2）缓凝剂主要适用于大体积混凝土和炎热气候下施工的混凝土，以及需长时间停放或长距离运输的混凝土。缓凝剂不宜用于日最低气温在5℃以下施工的混凝土，也不宜单独用于有早强要求的混凝土及蒸养混凝土。

（五）防冻剂

（1）防冻剂是指在规定温度下，能显著降低混凝土冰点，使混凝土液相不冻结或仅部分冻结，以保证水泥的水化作用，并在一定的时间内获得预期强度的外加剂。

（2）防冻剂用于负温条件下施工的混凝土。

（六）速凝剂

（1）速凝剂是指能使混凝土迅速凝结硬化的外加剂。

（2）主要用于矿山井巷、铁路隧道、引水涵洞、地下工程以及喷锚支护时的喷射混凝土或喷射砂浆工程。

（七）外加剂的选择与使用

（1）外加剂品种应根据工程需要、施工条件、混凝土原材料等因素通过试验确定。

（2）外加剂最佳掺量应通过试验试配确定。

（3）外加剂不能直接投入混凝土搅拌机内，一般应配成溶液后加入搅拌机，不能溶于水的外加剂，应与水泥或砂混合均匀后再加入搅拌机内。

七、其他混凝土

（一）泵送混凝土

（1）泵送混凝土是指可在施工现场通过压力泵及输送管道进行浇筑的混凝土。

（2）主要用于高层建筑、大型建筑等的基础、楼板、墙板及地下工程等，尤其适用于施工场地狭窄和施工机具受到限制的混凝土浇筑。

（二）预拌混凝土

（1）预拌混凝土是指在预拌厂预先拌好，运到施工现场进行浇筑的混凝土拌合物。

（2）有利于实现建筑工业化，能提高混凝土质量、节约材料、实现现场文明施工和改善施工环境。

（三）轻混凝土

轻混凝土是指干表观密度小于 $2000kg/m^3$ 的混凝土。

1. 轻骨料混凝土

（1）用轻粗骨料、轻砂（或普通砂）、水泥和水配制而成的轻混凝土和砂轻混凝土，称为轻骨料混凝土。

（2）主要适用于高层和多层建筑、软土地基、大跨度结构、抗震结构、要求节能的建筑和旧建筑的加层等。

2. 多孔混凝土

（1）多孔混凝土是一种不用骨料，且内部均匀分布着大量细小气泡的轻质混凝土。

（2）常用作屋面板材料和墙体材料。

3. 大孔混凝土

（1）大孔混凝土是以粗骨料、胶凝材料和水配制而成的一种轻质混凝土，又称无砂混凝土。

（2）主要用于制作墙体用的小型空心砌块和各种板材，也可用于现浇墙体，还可制成滤水板用于市政工程。

（四）抗渗混凝土（防水混凝土）

（1）抗渗混凝土是指抗渗等级等于或大于 P6 级的混凝土。

（2）主要用于水工工程、地下基础工程、屋面防水工程等。

（五）高强混凝土

（1）高强混凝土是指强度等级为 C60 及 C60 以上的混凝土。

（2）主要用于混凝土桩基、预应力轨枕、电杆、大跨度薄壁结构、桥梁和输水管等。

（六）聚合物混凝土

1. 聚合物水泥混凝土

（1）聚合物水泥混凝土是以聚合物（如天然或合成橡胶乳液，热塑性树脂乳液）和水泥共同作为胶凝材料的聚合物混凝土。

（2）主要用于现场灌注无缝地面、耐腐蚀性地面、桥面及修补混凝土工程中。

2. 聚合物浸渍混凝土

（1）聚合物浸渍混凝土是以已硬化的水泥混凝土为基材，将有机单体（如苯乙烯、甲基丙烯酸甲酯等）渗入混凝土中，然后再用加热或放射线照射的方法使其聚合，使混凝土与聚合物形成一个整体。

（2）主要用于制造一些特殊构件，如海洋构筑物、液化天然气贮罐等。

3. 聚合物胶结混凝土

（1）聚合物胶结混凝土又称树脂混凝土，是以合成树脂为胶结材料，以砂石为骨料的一种聚合物混凝土。

（2）主要用于有特殊要求的工程，如耐腐蚀工程、修补混凝土构件等。

（七）透水混凝土

（1）透水混凝土是由骨料、水泥和水拌制而成的一种多孔轻质混凝土。

（2）透水混凝土具有透气、透水和轻质的特点。可作为一种新的环保型、生态型的道路材料使用。

（八）纤维混凝土

（1）纤维混凝土是指在混凝土中掺入短纤维而组成的复合材料。

（2）主要用于屋面板、墙板、高速公路、桥面、路面等抗裂、高抗冲击和高耐磨性的构件及部位。

（九）装饰混凝土

（1）装饰混凝土是指在建筑物的墙面、地面和屋面上做适当处理，使普通水泥混凝土的表面具有一定的色彩、质感或花饰、线型，产生一定的装饰效果，达到设计艺术感，这种具有艺术效果的混凝土。

（2）主要有彩色混凝土、清水装饰混凝土、透水混凝土和露骨混凝土等。

（十）自密实混凝土

（1）自密实混凝土是指在自身重力作用下，依靠混凝土和易性，能够流动、密实，无需振捣就能自由填充模板的各个角落和包裹钢筋，而得到自然密实的混凝土。

（2）主要用于地下结构、铁路设施、水工大坝、隧道工程。

【典型例题】

【例 4-1】某钢筋混凝土梁的截面最小尺寸为 250mm，配置钢筋的直径 16mm，钢筋中心距离为 45mm。问可选用最大粒径为多少的石子？

解： 根据规范要求，该构件最小截面尺寸的 1/4 是

$$250 \times 1/4 = 62.5mm$$

钢筋间最小净间距的 3/4 是

$$(45-16) \times 3/4 = 21.75mm$$

混凝土用的石子的最大粒径不得超过构件最小截面尺寸的 1/4（即 62.5mm），且不得超过钢筋间最小净间距的 3/4（即 21.75mm）。因此，可选用最大粒径为 20mm 的石子。

【例 4-2】一组混凝土标准试件，养护 28d 后进行抗压强度试验，测得的破坏荷载（kN）为 405、500、485，试计算其抗压强度。

解：

（1）计算各试件的抗压强度

$$f_{cu1} = \frac{F}{A} = \frac{405 \times 10^3}{150^2} = 18.0MPa$$

$$f_{cu2} = \frac{F}{A} = \frac{500 \times 10^3}{150^2} = 22.22MPa$$

$$f_{cu3} = \frac{F}{A} = \frac{485 \times 10^3}{150^2} = 21.56MPa$$

（2）计算最大值和最小值与中间值的差值

$$21.56 \times 15\% = 3.23$$

$$22.22 - 21.56 = 0.66 < 3.23 \qquad 未超过$$

$$21.56 - 18.0 = 3.56 > 3.23 \qquad 超过$$

因中间值与最小值的差值超过中间值的 15%，应将最大值和最小值一并舍去，取中间值作为该组试件的抗压强度值。

故该组混凝土的抗压强度为 21.56MPa。

【例 4-3】已知某混凝土所用水泥强度为 36.4MPa，水灰比为 0.45，粗骨料为碎石。试估算该混凝土 28d 强度值。

解： 已知 $\dfrac{W}{C}=0.45$，碎石混凝土 $\alpha_a=0.53$，$\alpha_b=0.20$，$f_{ce}=36.4$MPa

由公式 $\dfrac{W}{C}=\dfrac{\alpha_a f_{ce}}{f_{cu,0}+\alpha_a \alpha_b f_{ce}}$，得

$$f_{cu,0}=\alpha_a f_{ce}(C/W-\alpha_b)=0.53\times 36.4(1/0.45-0.20)=39.0\text{MPa}$$

所以，该混凝土 28d 强度值 $f_{cu,0}=39.0$MPa。

【例 4-4】某普通混凝土设计配合比为 1:2:4:0.6，试计算 1m³ 混凝土各项材料用量为多少？

解： 设 1m³ 混凝土水泥用量为 m_c，假定每立方米混凝土拌合物的重量 $m_{cp}=2400$kg，则：

$$m_c+2m_c+4m_c+0.6m_c=2400\text{kg}$$

水泥用量：$m_c=316$kg

砂子用量：$m_s=2m_c=2\times 316=632$kg

石子用量：$m_g=4m_c=4\times 316=1264$kg

水用量：$m_w=m_{cp}-m_c-m_s-m_g=188$kg

【例 4-5】现有一组 100mm×100mm×100mm 混凝土试件 3 块，养护 28d 后进行抗压强度试验，测得的破坏荷载分别是 332kN、315kN、326kN。试计算该组混凝土的标准立方体抗压强度。

解：

（1）计算各试件的标准立方体抗压强度

$$f_{cu1}=0.95\frac{F}{A}=0.95\times\frac{332\times 10^3}{100^2}=31.54\text{MPa}$$

$$f_{cu2}=0.95\frac{F}{A}=0.95\times\frac{315\times 10^3}{100^2}=29.93\text{MPa}$$

$$f_{cu3}=0.95\frac{F}{A}=0.95\times\frac{326\times 10^3}{100^2}=30.97\text{MPa}$$

（2）计算最大值和最小值与中间值的差值

$$30.97\times 15\%=4.65$$
$$31.54-30.97=0.57<4.65 \qquad 未超过$$
$$30.97-29.93=1.04<4.65 \qquad 未超过$$

因最大值和最小值与中间值的差值均未超过中间值的 15%，故取三个试件测值的算术平均值作为该组试件的标准立方体抗压强度值。即：

$$f_{cu}=\frac{f_{cu1}+f_{cu2}+f_{cu3}}{3}=\frac{31.54+29.93+30.97}{3}=30.8\text{MPa}$$

【习题练习】

一、名词解释

1.普通混凝土：

2.连续级配：

3.最大粒径：

4.和易性：

5.合理砂率（最佳砂率）：

6.混凝土立方体抗压强度标准值：

7.减水剂：

8.商品混凝土：

二、填空题

1.普通混凝土是由_____、_____、_____和水按适当比例配合，经搅拌、浇筑、成型、硬化后而成的人造石材。

2.普通混凝土用的粗骨料有_____和_____两种，其中用_____比用_____

__配制的混凝土强度高，但_____较差。配制高强度混凝土时应选用_____。

3.影响混凝土强度的主要因素有_____和_____。

4.石子的颗粒级配有_____和_____两种，工程中通常采用的是_____。

5.当混凝土拌合物出现黏聚性尚好、坍落度太小时，应在保持_____不变的情况下，适当地增加_____用量。

6. 在混凝土拌合物中掺入减水剂后，会产生下列各效果：增加拌合物的_____，提高混凝土_____，节约_____，改善混凝土的_____。

7. 为保证混凝土的耐久性，配制混凝土时有最小_____和最大_____的限制。

8. 混凝土采用合理砂率时，能使混凝土获得所要求的_____及良好的黏聚性和保水性，而且_____用量最省。

9. 级配良好的砂，其_____较小，同时_____也较小。

10. 混凝土的和易性包括_____、_____和_____。

11. 设计混凝土配合比应同时满足_____、_____、耐久性和_____四项基本要求。

12. 普通混凝土用石子的强度可用_____或_____表示。

13. 塑性混凝土拌合物的流动性指标是_____，单位是_____；干硬性混凝土拌合物的流动性指标是_____，单位是_____。

14. 混凝土的抗拉强度比抗压强度_____。

15. 制作混凝土标准试块每层插捣次数为_____次。

16. 混凝土的三大技术性能是_____、_____和_____。

17. 混凝土施工配合比要根据砂石的_____进行换算。

18. 水泥混凝土按表观密度分为_____、_____和_____。

三、判断题

（　　）1. 配制混凝土时，水泥的用量越少越好。

（　　）2. 在保证混凝土强度和耐久性的前提下，尽量选用较大的水灰比，以节约水泥。

（　　）3. 两种砂的细度模数相同，它们的级配也一定相同。

（　　）4. 混凝土用砂的细度模数越大，则该砂的级配越好。

（　　）5. 在结构尺寸及施工条件允许下，应尽可能选择较大粒径的粗骨料，这样可以节约水泥。

（　　）6. 级配好的骨料，其空隙率小，总表面积小。

（　　）7. 在混凝土拌合物中，保持 W/C 不变增加水泥浆量，可增大其流动性。

（　　）8. 对混凝土拌合物流动性大小起决定性作用的是拌合用水量的多少。

（　　）9. 流动性大的混凝土一定比流动性小的混凝土强度低。

（　　）10. 卵石混凝土比同条件配合比拌制的碎石混凝土的流动性好，但强度低些。

（　　）11. 同种骨料，级配良好者配制的混凝土强度高。

（　　）12. 水灰比很小的混凝土，其强度一定高。

（　　）13. 若水泥强度等级相同，且在常用水灰比范围内，水灰比越小，混凝土强度越高，质量越好。

（　　）14. 在混凝土中掺入适量减水剂，不能减少用水量，但可改善混凝土拌合物的和易性，还可显著提高混凝土的强度，并可节约水泥的用量。

（　　）15. 混凝土用砂的细度模数越大，表示该砂越粗。

（　　）16. 卵石由于表面光滑，所以与水泥浆的粘结比碎石牢固。

（　　）17. 混凝土设计强度等于配制强度时，混凝土的强度保证率为 95％。

（　　）18. 在混凝土用的砂、石中，不能含有活性二氧化硅，以免产生碱-骨料反应。

（　　）19. 工业废水不能拌制混凝土。

（　　）20. 若砂的筛分曲线落在限定的三个级配区的一个区内，则其级配是合格的。

（　　）21. 轻混凝土是指干表观密度小于 2000kg/m³ 的混凝土。

（　　）22. 砂子的级配决定总表面积的大小，粗细程度决定空隙率的大小。

（　　）23. 砂、石中所含的泥及泥块可使混凝土的强度和耐久性大大降低。

（　　）24. 选择混凝土用砂的原则是总表面积小和空隙率小。

（　　）25. 混凝土的流动性用沉入度表示。

（　　）26. 混凝土强度试验，试件尺寸越大，强度越低。

（　　）27. 干硬性混凝土的流动性以坍落度表示。

（　　）28. 用于配制高强度混凝土的石子的针、片状颗粒含量应有所限制。

四、单项选择题

1. 配制混凝土用砂的要求是尽量采用（　　）的砂。

A. 较小的空隙率和较小的总表面积

B. 较小的空隙率和较大的总表面积

C. 较大的空隙率和较大的总表面积

D. 较大的空隙率和较小的总表面积

2. 含水率为 5％的湿砂 100kg，其中水的质量为（　　）kg。

A. $100 \times 5\%$

B. $100 - 100/(1 + 5\%)$

C. $(100 - 5) \times 5\%$

D. $100 - 100/(1 - 5\%)$

3. 两种砂子如果细度模数 μ_f 相同，则它们的级配（　　）。

A. 必然相同

B. 必然不同

C. 不一定相同

D. 无法确定

4. 试拌混凝土时，调整混凝土拌合物的和易性，如果坍落度太大，采用调整（　　）的办法。

A. 水泥浆量（W/C 不变）

B. 拌合用水量

C. 水泥用量

D. 砂率

5. 坍落度表示塑性混凝土（　　）的指标。

A. 流动性　　B. 黏聚性　　　　C. 保水性　　　　D. 含水情况

6. 测定混凝土立方体抗压强度的标准试件是（　　）。

A. 70.7mm×70.7mm×70.7mm

B. 100mm×100mm×100mm

C. 150mm×150mm×150mm

D. 200mm×200mm×200mm

7. 设计混凝土配合比时，确定水灰比的原则是按满足（　　）而定。

A. 强度

B. 最大水灰比限值

C. 强度和最大水灰比限值

D. 小于最大水灰比

8. 喷射混凝土必须加入的外加剂是（　　）。

A. 早强剂　　　B. 减水剂　　　　　C. 引气剂　　　　D. 速凝剂

9. 大体积混凝土施工常用的外加剂是（　　　）。

A. 早强剂　　　B. 缓凝剂　　　　　C. 引气剂　　　　D. 速凝剂

10. 冬季混凝土施工时，首先应考虑加入的外加剂是（　　　）。

A. 早强剂　　　B. 减水剂　　　　　C. 引气剂　　　　D. 速凝剂

11. 我国将（　　　）强度等级以上的混凝土，称为高强混凝土。

A. C50　　　　B. C60　　　　　　C. C70　　　　　D. C80

12. 针片状骨料含量多，会使混凝土的（　　　）。

A. 用水量减少　　　　　　　　　B. 流动性提高

C. 强度降低　　　　　　　　　　D. 节约水泥

13. 施工所需的混凝土拌合物流动性的大小，主要由（　　　）来选取。

A. 水胶比和砂率

B. 水胶比和捣实方式

C. 骨料的性质、最大粒径和级配

D. 构件的截面尺寸大小、钢筋的疏密、捣实方式

14. 配制混凝土时，水灰比过大，则（　　　）。

A. 混凝土拌合物的保水性变差

B. 混凝土拌合物的黏聚性变差

C. 混凝土的耐久性和强度下降

D. 以上三项均选

15. 配制混凝土时，在条件允许的情况下，应尽量选择（　　　）的粗骨料。

A. 最大粒径小、空隙率大的　　　B. 最大粒径大、空隙率小的

C. 最大粒径小、空隙率小的　　　D. 最大粒径大、空隙率大的

16. 影响混凝土强度最大的因素是（　　　）。

A. 砂率　　　　　　　　　　　　B. 水灰比

C. 骨料的性能　　　　　　　　　D. 施工工艺

17. 轻骨料混凝土与普通混凝土相比，更宜用于（　　　）结构中。

A. 有抗震要求的　　　　　　　　B. 高层建筑

C. 水工建筑　　　　　　　　　　D. A、B 两项均选

18. 混凝土拌合物发生分层、离析，说明其（　　　）。

A. 流动性差　　　　　　　　　　B. 黏聚性差

C. 保水性差　　　　　　　　　　D. 以上三项均选

19. 维勃稠度法测定混凝土拌合物流动性时，其值越大表示混凝土的（　　　）。

A. 流动性越大　　　　　　　　　B. 流动性越小

C. 黏聚性越好　　　　　　　　　D. 保水性越差

20. 普通混凝土的配制强度大小的确定，除与要求的强度等级有关外，主要与（　　　）有关。

A. 强度保证率　　　　　　　　　B. 强度保证率和强度标准差

C. 强度标准差　　　　　　　　　D. 施工管理水平

21. 普通混凝土抗压强度测定时，若采用 100mm 的立方体试件，试验结果应乘以尺寸换算系数（   ）。

A. 0.90　　　　B. 0.95　　　　C. 1.0　　　　D. 1.05

22. 混凝土抗压强度试验时，试块承压面应为（   ）。

A. 正面　　　B. 侧面　　　C. 反面　　　D. 都可以

23. 混凝土强度等级 C20 的含义是（   ）。

A. 坍落度为 20mm　　　　　　B. 立方体抗压强度为 20MPa

C. 抗拉强度为 20MPa　　　　　D. 立方体抗压强度标准值为 20MPa

24. 试配混凝土时，经计算其砂石总重量为 1860kg，选用砂率为 32%，其砂用量为（   ）kg。

A. 875.3　　　B. 450.9　　　C. 595.2　　　D. 1264.8

五、简答题

1. 普通混凝土的主要优缺点有哪些？

2. 改善混凝土拌合物和易性的主要措施有哪些？

3. 什么是混凝土的耐久性？它包括哪些性质？提高混凝土耐久性的措施有哪些？

4. 影响混凝土强度的主要因素有哪些?

六、计算题

1. 某实验室拌制混凝土,经调整后各材料用量为:矿渣水泥 4.5kg,自来水 2.7kg,河砂 9.9kg,碎石 18.9kg,又测得拌合物的湿表观密度为 2380kg/m³。

试求:(1) 每立方米混凝土的各材料用量;

(2) 当施工现场砂的含水率为 3.5%,石子的含水率为 1% 时,求施工配合比。

2. 混凝土施工配合比为 1:2:4,$W/C = 0.6$,$\sigma = 4$MPa,$\alpha_a = 0.41$,$\alpha_b = 0.25$,水泥强度等级为 32.5,实测强度为 36.5MPa,试估算用此配合比所配制的混凝土强度等级是否能达到 C20。$\left[f_{cu,0} = \alpha_a f_{ce}(C/W - \alpha_b) \right]$

3. 现有一组 200mm×200mm×200mm 混凝土试件 3 块，养护 28d 后进行抗压强度试验，测得的破坏荷载分别是 750kN、775kN、763kN。试计算该组混凝土的标准立方体抗压强度，并评定其强度等级。

【材料检测实训】

任务 1：检测施工现场混凝土用砂的粗细程度和颗粒级配。

任务 2：检测施工现场混凝土用石的颗粒级配和最大粒径。

任务 3：根据老师给定的设计强度等级为 C20 普通混凝土的初步配合比，检测该混凝土坍落度，观察其黏聚性和保水性，评定其和易性。再根据和易性达到要求的混凝土配合比检验混凝土的强度。

检测实训任务单 1

班级		姓名		检测日期	
检测任务	检测施工现场混凝土用砂的粗细程度和颗粒级配				
工程名称				产地	
样品名称	□天然砂　　□机制砂　　□混合砂			依据标准	
检测仪器设备	电子秤、标准筛、摇筛机、烘箱、搪瓷盘等		相关知识	普通混凝土的组成材料、混凝土用骨料检测等	
其他要求					

检测结果

筛析前质量＝＿＿＿＿＿＿＿ g　　　　　　　样品编号＿＿＿＿＿＿＿＿

筛孔尺寸（mm）	分计筛余量(g)		分计筛余百分率（%）		累计筛余百分率（%）		累计筛余百分率平均（%）	备注
	第 1 次	第 2 次	第 1 次	第 2 次	第 1 次	第 2 次		
＞4.75								
4.75								β_1
2.36								β_2
1.18								β_3
0.6								β_4
0.3								β_5
0.15								β_6
＜0.15								
细度模数（μ_f）				级配区		属于　　　　区		
结论								
备注								

数据分析与评定：

检测实训任务单 2

班级			姓名			检测日期	
检测任务	检测施工现场混凝土用石的颗粒级配和最大粒径						
工程名称					产地		
样品名称		□碎石　□卵石			依据标准		
检测仪器设备	电子秤、标准筛、摇筛机、烘箱、搪瓷盘等			相关知识	普通混凝土的组成材料、混凝土用骨料检测等		
其他要求							

检测结果

筛析前质量＝＿＿＿＿＿＿＿g　　　　　　　　样品编号＿＿＿＿＿＿＿＿

筛孔尺寸（mm）	筛余量(g)（1）	筛余量(g)（2）	筛余量平均（g）	分计筛余百分率（%）	累计筛余百分率（%）
63.0					
53.0					
37.5					
31.5					
26.5					
19.0					
16.0					
9.5					
4.75					
2.36					
筛底					
结论					
备注					

数据分析与评定：

检测实训任务单 3

班级		姓名		检测日期	
检测任务	检测施工现场混凝土的技术性能				
工程名称				搅拌方法	
工程部位					
混凝土设计要求	强度等级		坍落度（mm）		
	抗渗、抗冻等级		其他		
检测仪器设备	坍落度筒、捣棒、钢尺、喂料斗、压力试验机、养护箱（或养护室）、试模、振动台、镘刀等		相关知识	普通混凝土的组成材料、混凝土拌合物的和易性、混凝土的强度和耐久性和普通混凝土性能检测试验等	
其他要求					

检测结果

所用原材料	种类	品种规格	每立方米混凝土材料用量（kg）	重量配合比	说明
	水泥				
	砂				
	石子				
	水				
	外加剂				
	掺合料				

水灰比		现场实测坍落度（mm）		砂率	

试件编号	混凝土立方体试件成型日期	养护条件	混凝土立方体试件检测日期	承压面积（mm²）	试压龄期（d）	破坏荷载（kN）	抗压强度（MPa） 单块值	代表值
结论								

数据分析与评定：

参考评价表

项目	评价内容	分值	得分	小计	合计
1. 工作态度 (25分)	1.1 按时到达实训场地,遵守实训室的规章制度。	8分			
	1.2 有良好的团队协作精神,积极参与完成实训。	10分			
	1.3 实验结束后,认真清洗仪器、工具并及时归还。	7分			
2. 实操规范性 (25分)	2.1 仪器、工具操作规范,无人为损坏。	10分			
	2.2 能正确测定出材料的各项指标。	10分			
	2.3 能妥善处理实训过程中异常情况,无安全事故。	5分			
3. 数据填写 规范性 (25分)	3.1 能正确记录实训中测定的数据。	10分			
	3.2 实事求是,不篡改实训数据。	10分			
	3.3 实训记录表清晰、干净、整洁。	5分			
4. 材料性能分析 (25分)	4.1 能正确计算出材料性能指标。	10分			
	4.2 能根据计算材料指标判断分析材料性能。	10分			
	4.3 计算过程完整准确。	5分			

教师评价:

Chapter 05

单元 **5**

砂浆

【学习要求】

1. 掌握砂浆组成材料的要求。
2. 掌握新拌砂浆和易性的概念和评价指标。
3. 掌握砂浆强度的概念和影响因素。
4. 掌握砂浆配合比确定的方法。
5. 掌握砂浆主要性能指标检测的取样和检测方法。
6. 了解预拌砂浆分类和性能。
7. 了解抹面砂浆种类和主要特性。

【知识要点】

一、砂浆的组成材料

（一）水泥

（1）通用水泥和砌筑水泥均可使用。

（2）通常选用强度等级为 32.5 级水泥，以保证砂浆的和易性。

（3）混合砂浆和聚合物砂浆的水泥强度等级不宜大于 42.5 级。

（二）细骨料

（1）常用的有天然砂、机制砂、膨胀珍珠岩和膨胀蛭石颗粒。

（2）符合《建设用砂》GB/T 14684—2022 标准。

（3）砂的最大粒径应根据砂浆层厚度限制，且含泥量不应超过 5%。

（三）掺合料

用于改善砂浆和易性和减少水泥用量，包括石灰膏、电石膏、粉煤灰等。

（四）水

满足《混凝土用水标准》JGJ 63—2006 规定。

二、砂浆的主要技术性质

(一) 新拌砂浆的技术性质

1. 和易性

新拌砂浆应具备良好的和易性，通过流动性和保水性评定。

2. 流动性

(1) 流动性也称稠度，是指砂浆在自重或外力作用下流动的难易程度。

(2) 稠度用砂浆稠度仪通过试验测定沉入度值。沉入度越大，流动性越好。

(3) 稠度受砌体材料种类、施工条件及气候条件等因素影响，需要根据具体情况调整。

3. 保水性

(1) 保水性是指新拌砂浆能够保持其内部水分不泌出流失的能力。

(2) 保水性用保水率表示，可以通过砂浆保水性试验测定。

(3) 保水性也可以用分层度表示，用砂浆分层度测定仪测定。

(4) 分层度大的砂浆保水性差，不利于施工。不良的保水性会导致泌水、分层、离析或水分被过快吸收，影响施工质量和砂浆强度。

(二) 硬化后砂浆的主要技术性质

1. 强度

(1) 以 70.7mm×70.7mm×70.7mm 的立方体试块，在标准条件下养护至 28d 龄期测得的抗压强度值来确定。

(2) 影响因素包括水泥强度、水灰比以及基层材料的吸水性。

2. 粘结力

(1) 砂浆的抗压强度越高，它与基层的粘结力也越大。

(2) 粘结力受到多种因素的影响，如表面状态、清洁程度、湿润状况及施工养护条件等。

3. 抗冻性

对于受冻融循环影响的部位的砂浆需要进行冻融循环试验。

4. 变形

砂浆在承受荷载或温度、湿度变化时容易产生变形，过大或不均匀的变形会影响砌体质量。

三、砌筑砂浆的配合比设计

(一) 水泥砂浆和水泥粉煤灰砂浆的配合比

1. 水泥砂浆配合比

先根据教材表 5-4 初选材料用量，再进行试配调整确定。

2. 水泥粉煤灰砂浆配合比

先根据教材表 5-5 初选材料用量，再进行试配调整确定。

(二) 水泥混合砂浆配合比设计

1. 砌筑砂浆配合比设计的基本要求

(1) 满足施工和易性。具有良好的流动性和保水性。

(2) 满足强度要求。达到设计要求的抗压强度。

（3）满足经济性要求。在保证性能的前提下尽量减少水泥及掺合料用量。

2. 砌筑砂浆配合比设计的计算步骤

（1）确定试配强度。

$$f_{m,0} = k f_2$$

（2）计算水泥用量。

$$Q_C = \frac{1000(f_{m,0} - \beta)}{(\alpha \cdot f_{ce})}$$

（3）计算石灰膏用量。

$$Q_D = Q_A - Q_C$$

（4）确定砂子用量：以砂干燥状态的堆积密度值作为计算值。

（5）确定用水量：根据稠度等要求选择 $210 \sim 310 \mathrm{kg/m^3}$，并考虑砂的粗细、气候等因素进行调整。

（三）砌筑砂浆配合比试配、调整与确定

1. 确定基准配合比

通过试拌调整材料用量，当稠度和保水率均满足要求时，该配合比可作为试配砂浆的基准配合比。

2. 确定试配配合比

选择既符合试配强度及和易性要求，又具有最低水泥用量的配合比作为砂浆的试配配合比。

3. 确定设计配合比

首先计算理论表观密度值和校正系数 δ，然后比较实测值与理论值的差异。如果差异不超过 2%，则确认该设计配合比；如果差异超过 2%，则需要调整材料用量以重新计算设计配合比。

四、预拌砂浆

（一）预拌砂浆概念

预拌砂浆是由专业生产厂家生产的湿拌砂浆或干混砂浆。

（二）预拌砂浆的分类和性能

1. 湿拌砂浆

湿拌砂浆按用途分为砌筑砂浆、抹灰砂浆、地面砂浆和防水砂浆。

2. 干混砂浆

干混砂浆分为普通干混砂浆和特种干混砂浆。

（三）预拌砂浆的贮存

（1）干混砂浆需避免受潮和杂物混入，不同品种应分别贮存。

（2）袋装干混砂浆需在干燥环境中贮存，采取防雨、防潮、防扬尘措施。

（3）保质期要符合要求。

五、抹面砂浆

（一）普通抹面砂浆

（二）施工通常分为两层或三层进行抹灰。

（2）底层抹灰要求砂浆具有良好的和易性和粘结力，一般用混合砂浆。

（3）中层抹灰主要是为了找平，有时可省去。

（4）面层抹灰要求平整光洁，达到规定的饰面要求，砂子一般选用细砂。

（二）装饰砂浆

（1）主要用于建筑物内外墙面，具有美观装饰效果。

（2）包括灰浆类饰面和石碴类饰面。

（三）特种砂浆

主要有保温吸声砂浆、防水砂浆、耐腐蚀砂浆、防辐射砂浆、聚合物砂浆和自流平砂浆等。

【典型例题】

【例 5-1】某工程要配制用于砌筑砖墙的水泥混合砂浆，砂浆设计强度等级为 M7.5，稠度为 70～90mm。试计算该砂浆试配时各种材料的比例。

原材料的主要参数：水泥为强度等级 42.5 级普通硅酸盐水泥；砂子选用中砂，堆积密度为 1450kg/m³，含水率 2%；石灰膏的稠度为 120mm；施工水平一般。

解：

（1）确定砂浆的试配强度 $f_{m,0}$。

查教材表 5-6 得 $k=1.20$，则：

$$f_{m,0} = kf_2 = 1.20 \times 7.5 = 9.0 \text{MPa}$$

（2）计算水泥用量 Q_C

由 $\alpha = 3.03$，$\beta = -15.09$，$f_{ce} = 42.5 \text{MPa}$ 得

$$Q_C = \frac{1000(f_{m,0} - \beta)}{\alpha f_{ce}} = \frac{1000 \times (9.0 + 15.09)}{3.03 \times 42.5} = 187 \text{kg}$$

（3）计算石灰膏用量 Q_D

取 $Q_A = 350 \text{kg}$，则

$$Q_D = Q_A - Q_C = 350 - 187 = 163 \text{kg}$$

（4）确定砂子用量 Q_S

$$Q_S = 1450 \times (1 + 2\%) = 1479 \text{kg}$$

（5）确定用水量 Q_W

根据砂浆稠度要求，可选取 300kg，扣除砂中所含的水量，拌合用水量为：

$$Q_W = 300 - 1450 \times 2\% = 271 \text{kg}$$

实际用水量需通过试拌，按砂浆稠度要求调整。

（6）砂浆试配时各种材料的比例（质量比）

水泥：石灰膏：砂：水 $= 187 : 163 : 1479 : 271 = 1 : 0.87 : 7.91 : 1.45$

【例 5-2】某工程采用粉煤灰砖砌体，需配置 M7.5、稠度为 70～90mm 的砌筑砂浆，采用强度等级为 32.5 的矿渣水泥，实测强度 36.0MPa，石灰膏的稠度为 120mm，含水率为 3%，堆积密度为 1400kg/m³ 的砂，施工水平优良。试确定该水泥混合砂浆的配合比。

解：

(1) 确定砂浆的试配强度 $f_{m,0}$。查教材表 5-6 得 $k=1.15$，则

$$f_{m,0}=kf_2=1.15\times 7.5=8.6\text{MPa}$$

(2) 计算水泥用量 Q_C

由 $\alpha=3.03$，$\beta=-15.09$ 得：

$$Q_C=\frac{1000(f_{m,0}-\beta)}{\alpha f_{ce}}=\frac{1000\times(8.6+15.09)}{3.03\times 36.0}=217\text{kg}$$

(3) 计算石灰膏用量 Q_D

取 $Q_A=350\text{kg}$，则：

$$Q_D=Q_A-Q_C=350\text{kg}-217\text{kg}=133\text{kg}$$

(4) 确定砂子用量 Q_S

$$Q_S=1400\times(1+3\%)=1442\text{kg}$$

(5) 确定用水量 Q_W

可选取 300kg，扣除砂中所含的水量，拌合用水量为

$$Q_W=300-1400\times 3\%=258\text{kg}$$

(6) 和易性测定

按照上述计算所得材料拌制砂浆，进行和易性测定。测定结果为：稠度 70～90mm，保水率＞80%；符合要求。得基准配合比为：

$$Q_C：Q_D：Q_S：Q_W=217：133：1442：258$$

(7) 强度测定

取三个不同的配合比分别配制砂浆，其中一个配合比为基准配合比，另外两个配合比的水泥用量分别为：

$$217\times(1+10\%)=239\text{kg}$$
$$217\times(1-10\%)=195\text{kg}$$

经实测，第三个配合比（水泥用量为 195kg）的砂浆保水性不符合要求，直接取消该配合比。另外，实测基准配合比的强度值达不到试配强度的要求，取消该配合比。得试配配合比为：

$$Q_C：Q_D：Q_S：Q_W=239：133：1442：258$$

〔8〕表观密度测定

符合试配强度及和易性要求的砂浆的理论表观密度为：

$$\rho_t=Q_C+Q_D+Q_S+Q_W=239+133+1442+258=2072\text{kg/m}^3$$

经实测，试配砂浆的表观密度为：

$$\rho_c=2215\text{kg/m}^3$$

比较：

$$\frac{2215-2072}{2072}\times 100\%=7\%＞2\%$$

计算砂浆配合比校正系数 δ：

$$\delta=\frac{\rho_c}{\rho_t}=\frac{2215}{2072}=1.07$$

经强度检测后并经校正的砂浆设计配合比为：

$$Q_C = 239 \times 1.07 = 255\text{kg}$$

$$Q_D = 133 \times 1.07 = 142\text{kg}$$

$$Q_S = 1442 \times 1.07 = 1542\text{kg}$$

$$Q_W = 258 \times 1.07 = 276\text{kg}$$

水泥：石灰膏：砂：水$=255:142:1542:276=1:0.56:6.05:1.08$

【例 5-3】 现有一组砂浆标准试件 3 块，养护 28d 后进行抗压强度试验，测得的破坏荷载分别是 32kN、35kN、30kN。试计算该组砂浆的抗压强度。

解：

（1）计算各试件的抗压强度

$$f_{m,cu1} = K\frac{N_u}{A} = 1.35 \times \frac{32 \times 10^3}{70.7^2} = 8.64\text{MPa}$$

$$f_{m,cu2} = K\frac{N_u}{A} = 1.35 \times \frac{35 \times 10^3}{70.7^2} = 9.45\text{MPa}$$

$$f_{m,cu3} = K\frac{N_u}{A} = 1.35 \times \frac{30 \times 10^3}{70.7^2} = 8.10\text{MPa}$$

（2）计算最大值和最小值与中间值的差值

$$8.64 \times 15\% = 1.30$$

$$9.45 - 8.64 = 0.81 < 1.30 \qquad \text{未超过}$$

$$8.64 - 8.10 = 0.54 < 1.30 \qquad \text{未超过}$$

因最大值和最小值与中间值的差值均未超过中间值的 15%，故取三个试件测值的算术平均值作为该组试件的抗压强度值。

$$f_{m,cu} = \frac{f_{m,cu1} + f_{m,cu2} + f_{m,cu3}}{3} = \frac{8.64 + 9.45 + 8.10}{3} = 8.73\text{MPa}$$

该组砂浆的抗压强度为 8.73MPa。

【例 5-4】 现有一组砂浆标准试件 3 块，养护 28d 后进行抗压强度试验，测得的破坏荷载分别是 33kN、35kN、26kN。试计算该组砂浆的抗压强度。

解：

（1）计算各试件的抗压强度

$$f_{m,cu1} = K\frac{N_u}{A} = 1.35 \times \frac{33 \times 10^3}{70.7^2} = 8.91\text{MPa}$$

$$f_{m,cu2} = K\frac{N_u}{A} = 1.35 \times \frac{35 \times 10^3}{70.7^2} = 9.45\text{MPa}$$

$$f_{m,cu3} = K\frac{N_u}{A} = 1.35 \times \frac{26 \times 10^3}{70.7^2} = 7.02\text{MPa}$$

（2）计算最大值和最小值与中间值的差值

$$8.91 \times 15\% = 1.34$$

$$9.45 - 8.91 = 0.54 < 1.34 \qquad \text{未超过}$$

$$8.91 - 7.02 = 1.89 > 1.34 \qquad \text{超过}$$

因最小值与中间值的差值超过中间值的 15%，应将最大值和最小值一并舍去，取中间值作为该组试件的抗压强度值。

故该组砂浆的抗压强度为 8.91MPa。

【习题练习】

一、名词解释

1. 建筑砂浆：

2. 砂浆的流动性：

3. 砂浆的保水性：

4. 预拌砂浆：

5. 抹面砂浆：

二、填空题

1. 砂浆在砌筑工程中起_____、_____和_____的作用。

2. 砌筑砂浆一般采用中砂拌制，砂的最大粒径不宜大于_____；薄层抹面及勾缝的砂浆宜采用含泥量低的_____，其最大粒径不宜大于_____。

3. 砂中的含泥量对砂浆_____和_____影响较大。

4. 砂浆的分层度不得大于_____，分层度接近于零的砂浆硬化后，容易发生干缩裂缝。

5. 砂浆的抗压强度等级是以_____的立方体试块，在温度为_____，相对湿度为_____以上的标准条件下养护至_____龄期，用标准试验方法测得的抗压强度值来确定。

6. 对不吸水基层材料，砂浆强度主要取决于_____和_____。

7. 当砂浆的_____与_____之差的绝对值不超过理论值的_____时，得出的试配配合比可作为砂浆设计配合比。

8. 自生产日起，袋装干混砌筑砂浆、抹灰砂浆、地面砂浆、普通防水砂浆、自流平砂浆的保质期为_____，其他袋装干混砂浆为_____，散装干混砂浆的保质期为_____。

9. 装饰砂浆饰面可分为_____类饰面和_____类饰面。

10. 耐酸砂浆是以_____为胶凝材料、_____等为耐酸粉料、_____为固化剂与耐酸骨料配制而成的砂浆。

三、判断题

（　　）1. 普通抹面砂浆的面层抹灰一般应选用中砂。

（　　）2. 掺入砂浆中的生石灰熟化时间不得少于7d。

（　　）3. 砌筑毛石砌体的砂浆用砂宜选用粗砂。

（　　）4. 在砌筑砂浆中掺入石灰膏，其目的是提高砌筑砂浆的强度。

（　　）5. 砂浆流动性用沉入度表示。

（　　）6. 干热的天气下，砂浆的流动性要小些。

（　　）7. 砂浆的保水性可以用保水率表示，也可以用分层度表示。

（　　）8. 砂浆的保水率用砂浆分层度测定仪测定。

（　　）9. 保水性较好的砂浆，分层度较小。

（　　）10. 砂浆的沉入度越大，分层度越小，表明砂浆的和易性越好。

（　　）11. 砂浆的粘结强度、抗压强度和耐久性之间没有相关性。

（　　）12. 对吸水基层材料，砂浆强度主要取决于水泥强度和水灰比。

（　　）13. 有抗冻性要求的砌体工程，砌筑砂浆应进行强度试验。

（　　）14. 每立方米砂浆中的砂子用量，应取砂干燥状态的表观密度。

（　　）15. 防水砂浆可用水泥混合砂浆制作。

四、单项选择题

1. 配制砌筑普通黏土砖墙的砂浆时，优先选用的砂是（　　）。

A. 粗砂 　　　　　　　　　　B. 中砂

C. 细砂 　　　　　　　　　　D. 特细砂

2. 在砂浆中掺入石灰膏，可以明显提高砂浆的（　　）。

A. 强度 　　　　　　　　　　B. 抗冻性

C. 保水性 　　　　　　　　　D. 耐久性

3. 新拌砂浆的和易性包括的内容是（　　）。

A. 黏滞性和流动性 　　　　　B. 黏聚性和流动性

C. 流动性和保水性 　　　　　D. 黏聚性和保水性

4. 砌筑砂浆的保水性指标用（　　）表示。

A. 坍落度 　　　　　　　　　B. 维勃稠度

C. 沉入度 　　　　　　　　　D. 分层度

5. 砌筑烧结普通砖砌体的砂浆稠度值一般取（　　）mm。

A. 50～70 　　　　　　　　　B. 30～50

C. 60～80 　　　　　　　　　D. 70～90

6. 在进行砂浆分层度检测时，砂浆在分层度筒内静置（　　）min。

A. 10 　　　　　　　　　　　B. 20

C. 30 　　　　　　　　　　　D. 40

7. 砌筑砂浆适宜分层度一般在（　　）mm。

A. 10～20　　　　　B. 10～30　　　　　C. 10～40　　　　　D. 10～50

8. 砌筑砂浆分层度的单位是（　　）。

A. 毫米　　　　　B. 厘米　　　　　C. 秒　　　　　D. 分钟

9. 表示砂浆强度等级的符号是（　　）。

A. P　　　　　B. C　　　　　C. MU　　　　　D. M

10. 砂浆立方体抗压强度检测的试件每组应为（　　）个。

A. 3　　　　　B. 6　　　　　C. 9　　　　　D. 12

11. 有抗冻性要求的砂浆经过规定的冻融次数后，其质量损失率不得超过（　　），强度损失率不得超过（　　）。

A. 5％，10％　　　　　B. 10％，15％　　　　　C. 15％，25％　　　　　D. 5％，25％

12. 砂浆硬化后，其强度随时间的变化规律是（　　）。

A. 强度随时间增长而不断增加　　　　　B. 强度随时间增长而逐渐降低

C. 强度先增加后降低　　　　　D. 强度保持不变

13. 计算砌筑砂浆试配强度时，施工水平为一般的，系数 k 取（　　）。

A. 1.1　　　　　B. 1.2　　　　　C. 1.3　　　　　D. 1.4

14. 有防水、防潮要求的抹灰砂浆，宜选用（　　）。

A. 石灰砂浆　　　　　B. 石膏砂浆　　　　　C. 水泥砂浆　　　　　D. 水泥混合砂浆

15. 抹面砂浆的中层起的作用主要是（　　）。

A. 粘接　　　　　B. 防水　　　　　C. 装饰　　　　　D. 找平

五、简答题

1. 影响砂浆粘结力的主要因素有哪些？

2. 砂浆哪些情况下要进行冻融循环试验？

3. 拌制砂浆所用的水泥有哪些要求？

六、计算题

1. 某工程要配制强度等级为 M10 的水泥混合砂浆，已知原材料为：强度等级 32.5 级矿渣硅酸盐水泥，堆积密度为 1430kg/m³ 的中砂，砂含水率为 1.0%，施工水平一般。试计算该砂浆的配合比。

2. 某砌筑工程使用的砂浆强度等级为 M7.5，砂浆的标准试件养护 28d 后，测得的破坏荷载分别是 22kN、26kN、29kN。试评价砂浆强度是否合格。

【材料检测实训】

任务：测定施工现场砂浆样品的稠度、保水性和抗压强度。

检测实训任务单

班级			姓名		检测日期	
检测任务	测定施工现场砂浆样品的稠度、保水性和抗压强度					
工程名称					搅拌方法	
工程部位						
要求稠度（mm）				设计强度等级		
砂浆种类				检验依据		
检测仪器设备	砂浆稠度仪、分层度仪、捣棒、压力试验机、养护箱（或养护室）、试模、振动台、镘刀等			相关知识		砌筑砂浆、砌筑砂浆配合比的确定与要求、建筑砂浆的性能检测等
其他要求						
检测结果						
使用原材料						

	种类	品种规格	每立方米砂浆材料用量（kg）	厂家（产地）		说明
所用原材料	水泥					
	砂					
	掺合料					
	外加剂					

现场实测的稠度（mm）		保水率（%）		分层度值（mm）	

试件编号	试件边长（mm）		受压面积（mm²）	破坏荷载（kN）	抗压强度（MPa）	抗压强度平均值（MPa）	单块抗压强度最小值（MPa）
	a	b					

结论	
数据分析与评定：	

参考评价表

项目	评价内容	分值	得分	小计	合计
1. 工作态度 （25分）	1.1 按时到达实训场地，遵守实训室的规章制度。	8分			
	1.2 有良好的团队协作精神，积极参与完成实训。	10分			
	1.3 实验结束后，认真清洗仪器、工具并及时归还。	7分			
2. 实操规范性 （25分）	2.1 仪器、工具操作规范，无人为损坏。	10分			
	2.2 能正确测定出材料的各项指标。	10分			
	2.3 能妥善处理实训过程中异常情况，无安全事故。	5分			
3. 数据填写 规范性 （25分）	3.1 能正确记录实训中测定的数据。	10分			
	3.2 实事求是，不篡改实训数据。	10分			
	3.3 实训记录表清晰、干净、整洁。	5分			
4. 材料性能分析 （25分）	4.1 能正确计算出材料性能指标。	10分			
	4.2 能根据计算材料指标判断分析材料性能。	10分			
	4.3 计算过程完整准确。	5分			

教师评价：

单元**6**

Chapter **06**

墙体材料

 【学习要求】

1. 熟悉墙体材料的种类、规格及适用范围。
2. 掌握烧结普通砖的技术指标要求。
3. 掌握砖的外观质量检查方法。
4. 掌握砖的抗压强度检测试验方法。
5. 了解常用砌块的种类。
6. 掌握常用砌块的技术指标要求。
7. 掌握砌块的质量检测方法。
8. 了解常见墙用板材的技术指标要求。

 【知识要点】

一、砌墙砖

(一) 砌墙砖概述

(1) 砌墙砖：以黏土、工业废料或其他地方资源为主要原料，以不同工艺制造的、用于砌筑承重和非承重墙体的墙砖。

(2) 按生产工艺分：烧结砖、非烧结砖。

(3) 按孔洞率大小分：实心砖、多孔砖、空心砖。

1. 烧结普通砖

(1) 原料：黏土、页岩、煤矸石、粉煤灰、污泥等。

(2) 生产：成型、干燥、焙烧。

(3) 无孔洞或孔洞率小于 25%。

(4) 特点：较高的强度，较好的耐久性，较好的保温隔热、隔声性能。

(5) 用途：砌筑承重墙体。

2. 烧结多孔砖

（1）孔洞率大于或等于 28%。

（2）用途：代替烧结普通砖用作砌筑六层以下的承重墙体，及非承重隔墙。

3. 烧结空心砖

（1）孔洞率大于或等于 40%。

（2）用途：砌筑非承重隔墙、框架结构的填充墙等。

4. 蒸压灰砂砖

（1）原料：石灰、砂子等。

（2）生产：制坯、压制成型、蒸压养护。

（3）不耐酸，不耐热。

（4）用途：MU15 及其以上的灰砂砖可用于基础及其他建筑部位，MU10 的灰砂砖仅可用于防潮层以上的建筑部位。

5. 粉煤灰砖

粉煤灰砖以粉煤灰、石灰或水泥为主要原料，掺加适量集料和石膏，经坯料制备、压制成型、蒸压养护等工艺制成的实心或空心砖。粉煤灰砖可用于工业及民用建筑的墙体和基础，但用于基础和易受冻融或干湿交替作用的部位，必须使用 MU15 及以上强度等级的砖，粉煤灰砖不得用于长期受热 200℃ 以上、受急冷急热和有酸性侵蚀的建筑部位。

6. 煤渣砖

以煤渣为主要原料，掺入适量石灰、石膏，经混合、压制成型、蒸汽或蒸压养护而成。

（二）砖的技术指标

1. 规格

（1）公称尺寸：240mm×115mm×53mm。

（2）尺寸偏差：样本平均偏差和样本极差符合国家标准规定。

2. 产品类别

黏土砖、页岩砖、煤矸石砖、建筑渣土砖、淤泥砖、污泥砖、固体废弃物砖。

3. 强度

（1）强度等级按抗压强度平均值和强度标准值划分。

（2）分为五个等级：MU30、MU25、MU20、MU15、MU10。

4. 泛霜

（1）新砌筑的砖砌体表面，有时会出现一层白色的粉状物，这种现象称为泛霜。

（2）原因：原料中含有硫、镁等可溶性盐。

（3）每块砖不允许出现严重泛霜。

5. 石灰爆裂

（1）石灰爆裂：指砖坯中夹杂有石灰石，砖吸水后，由于石灰逐渐熟化而膨胀产生的爆裂现象。

（2）产品中不准许有欠火砖、酥砖和螺旋纹砖。

6. 放射性核素限量

符合现行国家标准规定。

7. 产品标记

按产品名称的英文缩写、类别、强度等级和标准编号顺序编写。

（三）砖的检测

（1）取样数量：3.5 万～15 万块为一批，不足 3.5 万块按一批计。

（2）外观质量检查。

（3）抗压强度试验。

二、砌块

（一）砌块的概述

（1）按规格分：大型砌块（高度＞980mm）、中型砌块（高度 380～980mm）和小型砌块（高度 115～380mm）。

（2）按用途分：承重砌块和非承重砌块。

（3）按孔洞率分：实心砌块、空心砌块。

（4）按原材料不同分：蒸压加气混凝土砌块、粉煤灰小型砌块、普通混凝土小型空心砌块、轻骨料混凝土砌块、复合保温砌块等。

（二）常用砌块的技术指标

（1）规格尺寸：符合现行国家标准规定。

（2）强度等级：A1.5、A2.0、A2.5、A3.5、A5.0 五个级别。

（3）干密度等级：B03、B04、B05、B06、B07 五个级别。

（4）砌块等级：Ⅰ型、Ⅱ型。

（三）砌块的质量检测

（1）进场检验：尺寸偏差、外观质量、立方体抗压强度、干密度。

（2）取样与复试：同品种、同规格、同等级的砌块，以 30000 块为一批，不足 30000 块亦为一批，随机抽取 80 块砌块，进行尺寸偏差、外观检验。

（3）从外观与尺寸偏差检验合格的砌块中，随机抽取规定数量的砌块制作试件进行干密度、抗压强度、干燥收缩、抗冻性、导热系数等各项指标检测。

三、墙用板材

（一）水泥类墙用板材

（1）预应力混凝土空心墙板：在制作过程中，通过施加预应力使混凝土产生一定的压应力，以提高其抗裂性能和承载能力的空心墙板。

（2）玻璃纤维增强水泥板：以耐碱玻璃纤维为增强材料，以硫铝酸盐水泥为主要原料的预制非承重轻质多孔内隔墙条板。

（二）石膏类墙用板材

（1）石膏板复合墙板：以纸面石膏板为面层，以绝热材料为芯材的预制复合板。用于非承重墙、外墙内保温。

（2）玻璃纤维增强石膏外墙内保温板：以玻璃纤维增强石膏为面层，聚苯乙烯泡沫塑料板为芯层，以台座法生产的夹芯式复合保温板。用于烧结砖或混凝土外墙的内侧保温墙体。

（3）石膏空心条板：以建筑石膏为主要材料，掺加适量水泥或粉煤灰，同时加入少量增强纤维（如玻璃纤维、纸筋等），也可以加入适量的膨胀珍珠岩及其他掺加料，经料浆拌合、浇筑成型、抽芯、干燥等工序制成的轻质板材。用于建筑的非承重内墙。

（4）纤维石膏板是一种以建筑石膏粉为主要原料，以各种纤维为增强材料的新型建筑板材。主要用于工业与民用建筑的吊顶、隔墙等。

（三）复合墙板

（1）CL 建筑复合墙板：由 CL 墙板、实体剪力墙组成的剪力墙结构。

（2）金属面夹芯板：上下两层为金属薄板，芯材为有一定刚度的保温材料。

（四）纤维增强硅酸钙板（硅钙板）

（1）以硅质、钙质材料为主要胶结材料，无机矿物纤维或纤维素纤维等纤维为增强材料，经成型、加压（或非加压）、蒸压养护制成的板材。

（2）常用的有无石棉硅酸钙板和温石棉硅酸钙板两种。

【习题练习】

一、名词解释

1. 烧结普通砖：

2. 烧结多孔砖：

3. 蒸压加气混凝土砌块：

4. 复合保温砌块：

5. 玻璃纤维增强水泥板（GRC）：

6. 复合墙板：

7. 纤维增强硅酸钙板：

二、填空题

1. 烧结空心砖是指孔洞率大于或等于_____的砖。

2. 烧结多孔砖主要有_____、_____、烧结煤矸石多孔砖、烧结粉煤灰多孔砖。

3. 烧结普通砖的标准尺寸是_____×_____×_____。

4. 蒸压灰砂砖是以石灰、砂子（也可以掺入颜料和外加剂）为原料，经制坯、压制成型、蒸压养护而成的_____。

5. 国家标准《烧结普通砖》GB/T 5101—2017对烧结普通砖的形状尺寸、_____、_____、_____等技术性能作了具体规定。

6. 砖的外观质量检验的试样采用_____，在每一检验批的产品堆垛中抽取。

7. 蒸压加气混凝土砌块进场，需要检验的项目有：_____、外观质量、_____强度和_____。

8. 墙用板材按材料类别有_____、_____、复合板和_____。

9. 预应力混凝土空心墙板内部的空心孔洞可以降低_____，提高建筑物的_____。

10. 石膏类墙用板材是指以_____或_____为面层，与其他轻质保温材料复合，经预制或现场制作而成的复合型石膏墙体材料。

11. _____是以纸面石膏板为面层，以_____为芯材的预制复合板。

12. 玻璃纤维增强石膏外墙内保温板是以_____为面层，_____为芯层，以台座法生产的夹芯式复合保温板。

13. 石膏空心条板是以_____为主要材料，掺加适量_____或_____，同时加入少量_____，也可以加入适量的膨胀珍珠岩及其他掺加料，经料浆拌合、浇注成型、抽芯、干燥等工序制成的轻质板材。

三、判断题

（　　）1. 砌墙砖按生产工艺分为烧结砖和非烧结砖。

（　　）2. 烧结多孔砖主要是代替烧结普通砖用作砌筑七层以下的承重墙体，及非承重隔墙。

（　　）3. 粉煤灰砖不得用于长期受热50℃以上、受急冷急热和有酸性侵蚀的建筑部位。

（　　）4. 煤渣砖是实心砖。

（　　）5. 新砌筑的砖砌体表面，有时会出现一层灰色的粉状物，这种现象称为泛霜。

（　　）6. 石灰爆裂不影响砖的质量，但是会降低砌体强度。

（　　）7. 粉煤灰小型砌块适宜用于经常处于高温和经常处于受潮环境下的承重墙。

（　　）8. 墙用板材起围护和分隔作用。

（　　）9. 石膏板复合墙板用于承重墙、外墙内保温。

（　　）10. 玻璃纤维增强石膏外墙内保温板用于烧结砖或混凝土外墙的内侧保温墙体。

（　　）11. CL复合墙板的结构保温层耐久性好、耐火极限低，建筑保温与结构同寿命，该墙体是解决目前建筑保温材料使用年限远小于建筑结构使用年限的一种方法。

（　　）12. 金属面夹芯板上下两层为金属薄板，芯材为有一定刚度的保温材料。

四、单项选择题

1. 烧结普通砖的代号是（　　）。

A. SJZ　　　　　　B. FCZ　　　　　　C. FCB　　　　　　D. FDB

2. （　　）以黏土、页岩、煤矸石等为主要原料，经成型、干燥和焙烧而制成，孔洞率大于或等于 40％。

A. 烧结空心砖　　B. 烧结多孔砖　　C. 烧结普通砖　　D. 烧结装饰砖

3. （　　）的灰砂砖仅可用于防潮层以上的建筑部位，不得用于长期受热 200℃以上、受急冷急热和有酸性介质侵蚀的建筑部位，也不宜用于有流水冲刷的部位。

A. MU30　　　　　B. MU20　　　　　C. MU15　　　　　D. MU10

4. 粉煤灰砖可用于工业与民用建筑的墙体和基础，但用于基础和易受冻融和干湿交替作用的部位，必须使用（　　）及以上强度等级的砖。

A. MU30　　　　　B. MU20　　　　　C. MU15　　　　　D. MU10

5. 烧结普通砖按抗压强度分为五个等级，分别是（　　）。

A. MU40、MU30、MU20、MU15、MU10

B. MU30、MU25、MU20、MU15、MU10

C. MU35、MU25、MU20、MU15、MU10

D. MU30、MU25、MU20、MU15、MU5

6. 砌块按尺寸偏差与外观质量、干密度、抗压强度和抗冻性分为（　　）。

A. 优等品（A）、合格品（B）两个等级

B. 优等品（A）、一等品（B）、二等品（C）三个等级

C. 优等品（A）、一等品（B）、合格品（C）三个等级

D. 优等品（A）、一等品（B）两个等级

7. 检验烧结普通砖的强度等级，需取（　　）块试样进行试验。

A. 3　　　　　　　B. 6　　　　　　　C. 10　　　　　　　D. 15

8. 砌筑有保温要求的承重墙时，宜选用（　　）。

A. 烧结普通砖　　　　　　　　　B. 烧结多孔砖

C. 烧结空心砖　　　　　　　　　D. A＋B

9. 砌体材料中的黏土多孔砖与普通黏土砖相比所具备的特点，下列说法错误的是（　　）。

A. 少耗黏土、节省耕地

B. 缩短焙烧时间、节约燃料

C. 减轻自重、改善隔热吸声性能

D. 不能砌筑 5 层、6 层建筑物的承重墙

10. 灰砂砖和粉煤灰砖的性能与（　　）比较相近，基本上可以相互替代使用。

A. 烧结空心砖　　　　　　　　　B. 普通混凝土

C. 烧结普通砖　　　　　　　　　D. 加气混凝土砌块

11. 烧结普通砖的产品等级是根据以下哪个确定的（　　）。

A. 尺寸偏差

B. 外观质量

C. 尺寸偏差、外观质量、泛霜和石灰爆裂等

D. 强度等级

12. 粉煤灰小型砌块中粉煤灰用量不应低于原材料质量的（　　），水泥用量不应低于原材料质量的（　　）。

A. 20％，10％　　　　B. 25％，5％　　　　C. 15％，8％　　　　D. 15％，10％

13. 普通混凝土小型空心砌块用水泥做胶结料，砂、石作骨料，经搅拌、振动（或压制）成型、养护等工艺过程制成的，孔洞率大于或等于（　　）。

A. 20％　　　　　　B. 25％　　　　　　C. 15％　　　　　　D. 10％

14. 砌块按强度分为（　　）五个级别。

A. A1.0、A2.0、A2.5、A3.5、A5.0

B. A1.5、A2.0、A2.5、A3.5、A7.5

C. A1.0、A1.5、A2.5、A3.5、A5.0

D. A1.5、A2.0、A2.5、A3.5、A5.0

15. 石膏空心条板主要用于建筑的（　　）。

A. 承重外墙　　　　B. 非承重外墙　　　　C. 非承重内墙　　　　D. 承重内墙

16. 下列有关砌墙砖的叙述，错误的一条是（　　）。

A. 烧结多孔砖主要是代替烧结普通砖用作砌筑六层以下的承重墙体，及非承重隔墙

B. 烧结空心砖主要用作非承重隔墙、框架结构的填充墙等

C. 蒸压灰砂砖不得用于长期受热200℃以上、受急冷急热和有酸性介质侵蚀的建筑部位

D. 粉煤灰砖用于基础和易受冻融或干湿交替作用的部位，必须使用MU10及以上强度等级的砖

17. 烧结普通砖的质量等级评价依据不包括（　　）。

A. 尺寸偏差　　　　　　　　　　　B. 砖的外观质量

C. 泛霜　　　　　　　　　　　　　D. 自重

18. 鉴别过火砖和欠火砖的常用方法是（　　）。

A. 根据砖的强度　　　　　　　　　B. 根据砖颜色的深浅及敲击声音

C. 根据砖的外形尺寸　　　　　　　D. 根据砖的外形

五、简答题

1. 简述烧结普通砖的泛霜和石灰爆裂。

2. 何为纤维石膏板？适用范围有哪些？

3. 烧结多孔砖和空心砖各有什么用途？

4. 烧结黏土砖在砌筑施工前为什么一定要浇水润湿？

六、案例分析

1.【案例】灰砂砖墙体裂缝

某建筑采用蒸压灰砂砖砌筑，由于工期紧，用的是生产仅一周的灰砂砖砌筑。工程完工一个月后，墙体出现较多垂直裂缝。

2.【案例】砖的爆裂

某工地备用烧结砖 10 万块，尚未砌筑使用，但贮存 2 个月后，发现有部分砖自裂成碎块，断面处可见白色小块装物质，试分析原因。

【材料检测实训】

任务 1：测定蒸压加气混凝土砌块的干密度、含水率与抗压强度 3 项指标。

任务 2：测定混凝土实心砖的密度和抗压强度。

检测实训任务单 1

班级			姓名		检测日期	
检测任务	测定蒸压加气混凝土砌块的干密度、含水率与抗压强度 3 项指标					
工程名称				规格型号		
工程部位						
密度级别				强度级别		
砂浆种类				检验依据		
检测仪器设备	压力试验机、电热鼓风干燥箱、天平等			相关知识		砌块等
其他要求						

检测结果

检测项目	密度等级	试样编号	试样尺寸（mm）	试样质量（g）	烘干后质量（g）	干密度 ρ_0（kg/m³）	ρ_0 平均值（kg/m³）
干密度		1					
		2					
		3					

检测项目	密度等级	试样编号	试样尺寸（mm）	烘干前质量 m(g)	烘干后质量 m_0(g)	w_s（%）	w_s 平均值（%）
含水率		1					
		2					
		3					

检测项目	强度等级	试样编号	承压面积（mm²）	破坏荷载（N）	抗压强度（MPa）	抗压强度平均值（MPa）
抗压强度		1				
		2				
		3				

结论	

数据分析与评定：

检测实训任务单 2

班级		姓名		检测日期	
检测任务	测定混凝土实心砖的密度和抗压强度				
工程名称				规格型号	
工程部位					
外形尺寸（mm）				强度级别	
样品产地				检验依据	
检测仪器设备	压力试验机、钢板尺、天平等		相关知识	砌墙砖等	
其他要求					

检测结果

检测项目	密度		
试样编号	1	2	3
长（mm）			
宽（mm）			
高（mm）			
质量（g）			

检测项目	抗压强度		
试样编号	长度（mm）	宽度（mm）	破坏荷载（kN）
1			
2			
3			
4			
5			
6			
7			
8			
9			
10			
必备的检测环境条件			
结论			

数据分析与评定：

参考评价表

项目	评价内容	分值	得分	小计	合计
1. 工作态度 （25分）	1.1 按时到达实训场地，遵守实训室的规章制度。	8分			
	1.2 有良好的团队协作精神，积极参与完成实训。	10分			
	1.3 实验结束后，认真清洗仪器、工具并及时归还。	7分			
2. 实操规范性 （25分）	2.1 仪器、工具操作规范，无人为损坏。	10分			
	2.2 能正确测定出材料的各项指标。	10分			
	2.3 能妥善处理实训过程中异常情况，无安全事故。	5分			
3. 数据填写 规范性 （25分）	3.1 能正确记录实训中测定的数据。	10分			
	3.2 实事求是，不篡改实训数据。	10分			
	3.3 实训记录表清晰、干净、整洁。	5分			
4. 材料性能分析 （25分）	4.1 能正确计算出材料性能指标。	10分			
	4.2 能根据计算材料指标判断分析材料性能。	10分			
	4.3 计算过程完整准确。	5分			

教师评价：

单元 7

建筑钢材

Chapter **07**

【学习要求】

1. 了解钢材的分类、用途。

2. 掌握建筑钢材的主要技术性能，包括拉伸性能、冷弯性能、冲击韧性以及可焊性的意义。

3. 理解钢筋冷加工和时效的目的。

4. 熟悉常用建筑钢材的标准和选用。

5. 掌握建筑钢材防止锈蚀的主要措施。

6. 掌握钢筋拉伸、冷弯和重量偏差的检测方法。

【知识要点】

一、钢材的分类、用途及化学成分对钢材性能的影响

（一）钢材的分类

1. 按化学成分分类

（1）碳素钢：低碳钢、中碳钢、高碳钢。

（2）合金钢：低合金钢、中合金钢、高合金钢。

2. 按冶炼时的脱氧程度分类

分为沸腾钢（F）、镇静钢（Z）、半镇静钢（b）、特殊镇静钢（TZ）。

3. 按质量分类

分为普通碳素钢、优质碳素钢、高级优质钢。

4. 按用途分类

分为结构钢、工具钢、特殊钢、专业用钢。

（二）钢材的用途

主要用于建筑工程中的钢筋混凝土结构和钢结构。

（三）钢材的化学成分对性能的影响

1. 碳

（1）含碳量增加，钢材强度和硬度会提高，塑性、韧性、抗大气腐蚀性和可焊性下降，冷脆性和时效敏感性增加。

（2）当碳含量超过 1% 时，钢材的强度和硬度随碳含量的提高而降低。

2. 硅、锰

（1）主要作用是脱氧去硫，是钢的主要合金元素。

（2）硅含量小于 1% 时，能提高钢材的强度，超过 1% 时，钢材的冷脆性增加，可焊性变差。

（3）锰含量在 1%～2%，提高钢材的强度和硬度，改善钢的热加工性质，含量较高时，会显著降低钢的可焊性。

3. 硫、磷

（1）属于有害元素。

（2）硫：使钢材产生"热脆"现象，降低钢材的热加工性和可焊性。

（3）磷：使钢材产生"冷脆"现象，低温时韧性降低，降低钢材可焊性。

二、钢材的主要技术性能

（一）钢材的拉伸性能

1. 钢材的应力-应变曲线

（1）弹性阶段：钢材拉伸时的应力与应变成正比，呈线性关系。应力极限值称为弹性极限或比例极限。

（2）屈服阶段：钢材经过弹性阶段后，应力与应变不再成正比关系，即使不增大应力，塑性变形会明显增长。

（3）强化阶段：钢材经过屈服阶段后，内部组织发生重组变化，钢材得到强化，重新恢复了承载能力。

（4）颈缩阶段：钢材达到极限强度后，承载能力迅速降低，塑性变形迅速发展。

2. 钢材的主要性能指标

（1）屈服强度：钢材在屈服阶段的最低应力值，用 R_{eL} 表示。

$$R_{eL} = \frac{F_{eL}}{S}$$

（2）抗拉强度：钢材达到最大承载能力时的应力值，用 R_m 表示。

（3）屈强比：屈服强度与抗拉强度的比值。在同样抗拉强度下，屈强比越小，钢材的安全可靠度越高。但屈强比过小，则钢材的利用率低，不经济。

（4）伸长率：$A = \frac{L_1 - L_0}{L_0} \times 100\%$

（5）伸长率越大，钢材塑性越好。

（二）钢材的冷弯性能

（1）冷弯性能：指钢材在常温下承受弯曲变形的能力。

（2）伸长率大的钢材，其冷弯性能也好。

（3）冷弯性能一般用弯曲角度以及弯曲压头直径 D 与钢材的厚度（或直径）d 的比值来表示。

（4）弯曲角度越大，弯曲压头直径与试件厚度（或直径）的比值越小，表明冷弯性能越好。

（三）钢材的冲击韧性

（1）冲击韧性：指钢材抵抗冲击荷载而不被破坏的能力。

（2）以标准试件冲断时缺口处单位面积上所消耗的功来表示。

（3）影响因素：钢材的化学成分和内部组织状态，钢材的轧制和焊接质量，环境温度。

（4）脆性临界温度：冲击韧性随温度的降低而下降，开始时下降缓和，当达到一定温度范围时，突然下降很多而呈脆性，这种性质称为钢材的冷脆性，这时的温度称为脆性临界温度。

（5）严寒地区使用的结构，脆性临界温度应低于环境最低温度。

（四）钢材的可焊性

（1）可焊性：指在一定的焊接工艺条件下，在焊缝及附近过热区是否产生裂缝及硬脆倾向，焊接后的力学性能，特别是强度是否与原钢材相近的性能。

（2）钢材的焊接性能可通过焊接接头试件的抗拉试验测定，若断于母材，且抗拉强度实测值不低于母材抗拉强度标准值，则可焊性合格。

（3）含碳量超过 0.3%、硫和杂质含量高以及合金元素含量较高时，钢材的可焊性能降低。

三、钢材的冷加工和热处理

（一）钢材的冷加工和时效

（1）冷加工：钢材在常温下进行的加工，称为冷加工。

（2）冷加工方式：冷拉、冷拔、冷轧等。

（3）时效：经冷加工后的钢材随时间的延长，强度、硬度提高，塑性、韧性下降的现象称为时效。

（4）自然时效：将冷加工后的钢材在常温下存放 15～20d。

（5）人工时效：将冷加工后的钢材加热至 100～200℃并保持 2h 左右。

（二）钢材的热处理

（1）热处理：将钢材按一定规则加热、保温和冷却，从而改变其内部结构，以获得需要性能的一种工艺过程。

（2）方法：退火、正火、淬火和回火。

四、常用建筑钢材

（一）热轧钢筋

1. 热轧钢筋的分类

（1）按照供货形状分：直条钢筋、盘卷钢筋。

（2）按其轧制外形分：热轧光圆钢筋（HPB）、热轧带肋钢筋（HRB）。

（3）按钢筋金相组织中晶粒的粗细程度分：普通热轧带肋钢筋（HRB）、细晶粒热轧带肋钢筋（HRBF）。

（4）按强度分：300 级、400 级、500 级、600 级钢筋。

（5）按功能分：普通钢筋、抗震钢筋（E）。

2. 热轧钢筋的性能要求

抽取试件做屈服强度、抗拉强度、伸长率、弯曲性能和重量偏差的检验，检验结果应符合相应标准的规定。

3. 热轧带肋钢筋的标志

（1）HRB400、HRB500、HRB600 分别以 4、5、6 表示。

（2）HRBF400、HRBF500 分别以 C4、C5 表示。

（3）HRB400E、HRB500E 分别以 4E、5E 表示。

（4）HRBF400E、HRBF500E 分别以 C4E、C5E 表示。

4. 热轧带肋钢筋的应用

（1）HPB300 级：箍筋和钢筋混凝土结构的受力筋。

（2）HRB400、HRB500、HRB600 级：普通钢筋混凝土结构的受力筋和预应力筋。

（二）冷轧带肋钢筋

（1）冷轧带肋钢筋：以热轧圆盘条为母材，经过冷轧，在其表面沿长度方向均匀分布横肋的钢筋。

（2）牌号：CRB550、CRB600H、CRB650、CRB800、CRB800H。

（三）钢丝与钢绞线

（1）钢丝：用热轧盘条经冷加工而制成，是直径较小的品种，公称直径为 4～12mm。

（2）按加工状态分：冷拉钢丝、消除应力（低松弛）钢丝。

（3）按外形分：光圆钢丝 P、螺旋肋钢丝 H、刻痕钢丝 I。

（四）钢结构用钢

（1）热轧型钢：角钢、工字钢、槽钢、T 型钢、H 型钢、Z 型钢等。

（2）冷弯薄壁型钢：2～6mm 薄钢板冷弯或模压而成。

（3）钢板、压型钢板：用光面轧辊轧制而成的扁平钢材。

五、钢材的锈蚀与防止

（一）钢材的锈蚀

1. 化学锈蚀

（1）化学锈蚀：指钢材直接与周围的介质发生化学作用而生成疏松的氧化物而引起的腐蚀。

（2）干燥环境中化学锈蚀的进展速度缓慢，但在温度或湿度较大时锈蚀速度大大加快。

2. 电化学锈蚀

钢材在大气中的锈蚀是化学锈蚀和电化学锈蚀共同作用所致，以电化学锈蚀为主。

（二）锈蚀的防止

1. 保护层法

（1）刷防锈漆。

（2）热浸镀锌后加塑料涂层。

2. 电化学保护法

在钢铁结构上接一块比钢铁更为活泼的金属（如锌、镁）作为牺牲阳极来保护钢结构。

3. 制成合金钢

在钢中加入合金元素铬、镍、钛、铜等制成不锈钢。

【典型例题】

【例7-1】 有一碳素钢试件的直径 $d_0 = 18mm$，拉伸前试件标距为 $5d_0$，拉断后试件的标距长度为 118mm，求该试件的伸长率。

解： $L_0 = 5d_0 = 5 \times 18 = 90mm$

$$A = \frac{L_1 - L_0}{L_0} \times 100\% = \frac{118 - 90}{90} \times 100\% = 31\%$$

答：该试件的伸长率为 31%。

【例7-2】 对某建筑工地的一批钢筋进行抽样检测，截取了两根钢筋做拉伸试验，测得结果如下：屈服点荷载分别为 86.5kN、85.6kN；抗拉极限荷载分别为 116.5kN、115.4kN。钢筋实测直径为 16mm，标距为 90mm，拉断时长度分别为 107.0mm、106.0mm。计算该钢筋的屈服强度、抗拉强度和伸长率。

解：（1）屈服强度

$$R_{eL1} = \frac{F_{eL1}}{S} = \frac{86.5 \times 10^3}{3.14 \times 8^2} = 430MPa$$

$$R_{eL2} = \frac{F_{eL2}}{S} = \frac{85.6 \times 10^3}{3.14 \times 8^2} = 426MPa$$

该组试件的屈服强度：$R_{eL} = \frac{R_{eL1} + R_{eL2}}{2} = \frac{430 + 426}{2} = 428MPa$

（2）抗拉强度

$$R_{m1} = \frac{F_{m1}}{S} = \frac{116.5 \times 10^3}{3.14 \times 8^2} = 580MPa$$

$$R_{m2} = \frac{F_{m2}}{S} = \frac{115.4 \times 10^3}{3.14 \times 8^2} = 574MPa$$

该组试件的抗拉强度：$R_m = \frac{R_{m1} + R_{m2}}{2} = \frac{580 + 574}{2} = 577MPa$

（3）伸长率

$$A_1 = \frac{L_1 - L_0}{L_0} \times 100\% = \frac{107.0 - 90}{90} \times 100\% = 18.9\%$$

$$A_2 = \frac{L_2 - L_0}{L_0} \times 100\% = \frac{106.0 - 90}{90} \times 100\% = 17.8\%$$

该组试件的伸长率：$A = \frac{A_1 + A_2}{2} = \frac{18.9\% + 17.8\%}{2} = 18.4\%$

答：该钢筋的屈服强度为 428MPa，抗拉强度为 577MPa，伸长率为 18.4%。

【习题练习】

一、名词解释

1. 弹性模量：

2. 屈强比：

3. 热处理：

4. 可焊性：

5. 冷加工强化：

6. 脆性临界温度：

二、填空题

1. 建筑钢材依据化学成分分类可分为_____和_____两类。

2. 建筑钢材按质量不同可分为_____、_____和_____三类。

3. 钢材按冶炼时的脱氧程度分类可分为_____、_____、_____和_____四种。

4. 钢材的性能主要包括_____性能和_____性能。

5. 低碳钢拉伸的过程，依次经历了_____、_____、_____、_____四个阶段。

6. 钢材焊接的质量取决于_____、_____及钢的_____性能。

7. 钢材的冷加工时效分为_____和_____两种。

8. 钢材热处理的方法主要有_____、_____、_____和回火。

9. 热轧钢筋按轧制外形分为_____和_____。

10. 根据钢材与环境介质的作用原理，钢材的腐蚀可分为_____腐蚀和_____腐蚀。

11. 抽取的热轧钢筋试件应检测的主要指标有_____、_____、伸长率、_____和_____偏差。

12. 钢丝按照加工状态可分为_____钢丝和_____钢丝。

三、判断题

（　　）1. 高碳钢的含碳量大于0.6％。

（　　）2. 钢材随含碳量的增加，强度和硬度相应提高，其塑性和韧性相应提高。

（　　）3. 钢含磷较多时呈热脆性，含硫较多时呈冷脆性。

（　　）4. 低碳钢拉伸进入强化阶段后，应力与应变成正比。

（　　）5. 钢材屈强比越大，表示结构使用安全可靠度越高。

（　　）6. 钢材伸长率越大，说明钢材塑性越好。

（　　）7. 钢材的脆性临界温度值越高，钢材的低温冲击性能越好。

（　　）8. 钢材冲击韧性值越大，表示钢材抵抗冲击荷载的能力越低。

（　　）9. 钢材冷弯试验时采用的弯曲角度越大，弯曲压头直径与试件厚度（或直径）的比值越小，表示对冷弯性能要求就越高。

（　　）10. 钢筋越粗，其冷弯试验选用的弯芯直径越小。

（　　）11. 中碳钢的可焊性优于低碳钢。

（　　）12. 焊接结构用钢应选用含碳量较低的氧气转炉或平炉的镇静钢。

（　　）13. 钢筋进行冷拉处理是为了提高其加工性能。

（　　）14. 承受振动和冲击荷载作用的重要结构应选用时效敏感性大的钢材。

（　　）15. 钢材在大气中的锈蚀以电化学锈蚀为主。

四、单项选择题

1. 镇静钢的代号是（　　）。

A. F　　　　　　　　B. Z　　　　　　　　C. ZJ　　　　　　　　D. TZ

2. 下列钢中质量最好的是（　　）。

A. 半镇静钢　　　　B. 镇静钢　　　　　C. 特殊镇静钢　　　D. 沸腾钢

3. 下列钢材中，脱氧程度最大的是（　　）。

A. 半镇静钢　　　　B. 沸腾钢　　　　　C. 合金钢　　　　　D. 镇静钢

4. 钢材随碳含量的提高，其塑性和韧性（　　）。

A. 降低　　　　　　B. 提高　　　　　　C. 不变　　　　　　D. 先低后高

5. （　　）含量增加，将显著降低钢材的低温冲击韧性。

A. 硅　　　　　　　B. 磷　　　　　　　C. 锰　　　　　　　D. 碳

6. 会使钢材产生热脆现象的化学元素是（　　）。

A. 硫　　　　　　　B. 碳　　　　　　　C. 锰　　　　　　　D. 钛

7. 下列元素中，（　　）能提高钢材的强度而对钢的塑性及韧性影响不大。

A. 碳　　　　　　　B. 硅　　　　　　　C. 锰　　　　　　　D. 磷

8. 关于"化学成分对钢材性能的影响"下列说法正确的是（　　）。

A. 锰的含量过高会降低钢的可焊性

B. 含硫量太高，会使建筑钢材产生冷脆性

C. 含磷量太高，会使建筑钢材产生热脆性

D. 含碳量越高，建筑钢材的强度越低

9. 在低碳钢的拉伸试验的应力—应变图中，有线性关系的是（　　）阶段。

A. 弹性 　　　　B. 屈服 　　　　C. 强化 　　　　D. 颈缩

10. 反映钢材利用率和安全可靠程度的指标是（　　）。

A. 屈服强度 　　B. 抗拉强度 　　C. 屈强比 　　　D. 伸长率

11. 钢材在常温下弯曲角度越大，D 与 d 的比值越小，表明（　　）。

A. 冷弯性能越差 　　　　　　　B. 冷弯性能越好

C. 冲击韧性越好 　　　　　　　D. 冲击韧性越差

12. 低碳钢在外力作用下变形可分为四个阶段，第三个阶段是（　　）。

A. 弹性阶段 　　　　　　　　　B. 屈服阶段

C. 强化阶段 　　　　　　　　　D. 颈缩阶段

13. 在结构设计时，一般以（　　）作为强度取值依据。

A. 抗拉强度 　　　　　　　　　B. 弹性模量

C. 抗压强度 　　　　　　　　　D. 屈服强度

14. 伸长率是衡量钢材（　　）的指标。

A. 塑性 　　　　B. 脆性 　　　　C. 强度 　　　　D. 硬度

15. 钢材抵抗冲击荷载的能力称为（　　）。

A. 弹性 　　　　B. 塑性 　　　　C. 硬度 　　　　D. 冲击韧性

16. 钢筋冷拉后，（　　）提高。

A. 屈服强度 　　　　　　　　　B. 塑性

C. 抗拉强度 　　　　　　　　　D. 抗折强度

17. 对低碳钢进行冷拉时，应将低碳钢拉至（　　）。

A. 弹性阶段 　　　　　　　　　B. 屈服阶段

C. 强化阶段 　　　　　　　　　D. 颈缩阶段

18. 将经冷加工后的钢材加热至 100～200℃ 并保持 2h 左右，称为（　　）。

A. 时效 　　　　　　　　　　　B. 自然时效

C. 人工时效 　　　　　　　　　D. 冷轧

19. 自然时效是钢筋经冷加工后在常温下存放（　　）。

A. 5～10d 　　　　　　　　　　B. 10～15d

C. 15～20d 　　　　　　　　　　D. 20～25d

20. 表示热轧带肋钢筋牌号的英文字母是（　　）。

A. HPB 　　　　B. HRB 　　　　C. CRB 　　　　D. HRD

21. （　　）是细晶粒热轧带肋钢筋的钢筋牌号。

A. HPB300 　　　　　　　　　　B. HRB400

C. HRBF400 　　　　　　　　　D. HRB400E

22. 常用建筑钢材牌号 CRB650 表示（　　）。

A. 热轧带肋钢筋抗拉强度 650MPa

B. 热轧光圆钢筋屈服强度 650MPa

C. 冷拉光圆钢筋屈服强度 650MPa

D. 冷轧带肋钢筋抗拉强度 650MPa

23. 刻痕钢丝的代号是（　　　）。

A. I　　　　　　　　　B. P　　　　　　　　　C. H　　　　　　　　　D. E

24. 埋于混凝土中的钢筋在碱性的环境下会形成一层保护膜，其对钢筋的影响是（　　　）。

A. 加速钢筋锈蚀　　　　　　　　　　　B. 防止钢筋锈蚀

C. 提高钢筋的强度　　　　　　　　　　D. 降低钢筋的强度

五、简答题

1. 低碳钢的拉伸分为哪几个阶段？简述每个阶段的力学特点。

2. 冷加工后的钢材如何进行时效？时效后钢材的性质发生了哪些变化？

3. 简述防止钢材锈蚀的方法有哪些。

六、计算题

1. 有一碳素钢试件的直径 $d_0 = 16$mm，拉伸前试件标距为 $10d_0$，拉断后试件的标距长度为 213mm，求该试件的伸长率。

2. 一根直径为 12mm 的 HPB300 钢筋作拉伸试验，达到屈服时的荷载读数为 42.5kN，达到抗拉极限时荷载读数为 63.2kN，试件原始标距长度为 120mm，拉断后的长度为 162mm。求钢筋的屈服强度、抗拉强度、屈强比和伸长率。

【材料检测实训】

任务：检测施工现场钢筋拉伸性能、冷弯性能和重量偏差。

检测实训任务单

班级			姓名		检测日期	
检测任务	检测施工现场钢筋拉伸性能、冷弯性能和重量偏差					
工程名称					钢筋牌号	
工程部位						
生产厂家				钢筋批号		
钢筋名称				检验依据		
检测仪器设备	液压伺服万能试验机、游标卡尺、钢筋弯曲试验机等			相关知识	钢材的主要技术性能、钢筋性能检测等	
其他要求						

					检测结果						
样品编号	牌号	公称直径	拉伸性能							冷弯性能	
			原始标距（mm）	断后标距（mm）	伸长率（%）	屈服荷载（kN）	屈服强度（MPa）	极限荷载（kN）	抗拉强度（MPa）	弯心直径（mm）	弯曲角度（°）
重量偏差	5根试件长度（mm）										
	总重量(g)										
结论											
数据分析与评定：											

参考评价表

项目	评价内容	分值	得分	小计	合计
1. 工作态度 （25分）	1.1 按时到达实训场地，遵守实训室的规章制度。	8 分			
	1.2 有良好的团队协作精神，积极参与完成实训。	10 分			
	1.3 实验结束后，认真清洗仪器、工具并及时归还。	7 分			
2. 实操规范性 （25分）	2.1 仪器、工具操作规范，无人为损坏。	10 分			
	2.2 能正确测定出材料的各项指标。	10 分			
	2.3 能妥善处理实训过程中异常情况，无安全事故。	5 分			
3. 数据填写 规范性 （25分）	3.1 能正确记录实训中测定的数据。	10 分			
	3.2 实事求是，不篡改实训数据。	10 分			
	3.3 实训记录表清晰、干净、整洁。	5 分			
4. 材料性能分析 （25分）	4.1 能正确计算出材料性能指标。	10 分			
	4.2 能根据计算材料指标判断分析材料性能。	10 分			
	4.3 计算过程完整准确。	5 分			

教师评价：

防水材料

【学习要求】

1. 了解防水材料的概念。
2. 掌握沥青的概念及分类。
3. 熟悉石油沥青的组成、技术性质。
4. 理解石油沥青的技术标准和应用、掺配。
5. 掌握沥青的质量检测。
6. 了解防水卷材的分类。
7. 熟悉防水涂料的类型及应用。
8. 了解建筑密封材料的作用和分类。

【知识要点】

一、沥青

（1）沥青材料可分为地沥青和焦油沥青两大类。
（2）地沥青包括天然沥青和石油沥青。
（3）焦油沥青包括煤沥青、木沥青、泥炭沥青、页岩沥青。

（一）石油沥青

1. 石油沥青的组分
石油沥青的三大组分：油分、树脂、地沥青质。
（1）油分：赋予沥青流动性。
（2）树脂：赋予沥青粘结性、塑性和可流动性。
（3）地沥青质：是决定石油沥青温度敏感性、黏性的重要组成部分，其含量越多，则软化点越高，黏性越大，即越硬脆。
（4）石油沥青中还含有蜡，它会降低石油沥青的粘结性和塑性，同时对温度特别敏感，是石油沥青的有害成分。

2. 石油沥青的技术性质

（1）黏滞性：指石油沥青在外力作用下抵抗发生变形的能力，又称黏性。液体石油沥青的黏滞性用黏滞度表示。半固体或固体石油沥青的黏滞性用针入度表示。针入度越大，说明沥青流动性越大，黏滞性越小。针入度是沥青划分牌号的主要依据。

（2）塑性：指石油沥青在外力作用下，产生变形而不破坏的能力。塑性用延伸度表示，简称延度。延度越大，塑性越好。

（3）温度敏感性：指石油沥青的黏滞性和塑性随温度升降而变化的性能。温度敏感性用软化点表示。

（4）大气稳定性：是指沥青长期在阳光、空气、温度等的综合作用下抵抗老化的性能，它反映沥青材料的耐久性。

（5）施工安全性：为保证沥青加热质量和施工安全，须测定沥青的闪点。闪点是反映道路沥青在施工过程中安全性能的指标。

3. 石油沥青的技术标准和应用

（1）石油沥青的主要技术标准以针入度、相应的软化点和延伸度等来表示。

（2）蒸发后针入度比：测定蒸发损失后的样品针入度与原针入度之比乘以 100，即得出残留物针入度占原针入度的百分数，称为蒸发后针入度比。

（3）道路石油沥青黏性差，塑性好，容易浸透和乳化，但弹性、耐热性和温度稳定性较差。

（4）建筑石油沥青具有良好的防水性、粘结性、耐热性及温度稳定性，但黏度大，延伸变形性能较差。

4. 石油沥青的掺配

（1）当不能获得合适牌号的沥青时，可采用两种石油沥青掺配使用，但不能与煤沥青相掺。

（2）计算公式：$Q_1 = \dfrac{T_2 - T}{T_2 - T_1} \times 100\%$

$$Q_2 = 100\% - Q_1$$

（二）煤沥青

（1）煤沥青是炼焦或生产煤气的副产品，烟煤干馏时所挥发的物质冷凝为煤焦油，煤焦油经分馏加工，提取出各种油质后的残渣即为煤沥青。

（2）煤沥青中含有酚，有毒，防腐性好，适用于地下防水层或作防腐蚀材料。

（三）改性沥青

（1）改性是指对沥青进行氧化、乳化、催化，或者掺入橡胶、树脂等物质，使得沥青的性质发生不同程度的改善，得到的产品称为改性沥青。

（2）改性沥青的类型：橡胶改性沥青、树脂改性沥青、橡胶树脂改性沥青、矿物填充料改性沥青。

（四）沥青材料的贮运

（1）不同的品种及牌号分别堆放，避免混放混运。

（2）避开热源及阳光照射。

（3）防止其他杂物及水分混入。

（4）防止中毒。

二、防水卷材

（一）沥青防水卷材
（1）油纸、油毡。
（2）玻璃布油毡。
（3）铝箔面油毡。
（4）再生胶油毡。

（二）高聚物改性沥青防水卷材
（1）弹性体改性沥青防水卷材（SBS）。
（2）塑性体改性沥青防水卷材（APP）。

（三）合成高分子防水卷材
（1）三元乙丙橡胶（EPDM）防水卷材。
（2）聚氯乙烯（PVC）防水卷材。
（3）氯化聚乙烯防水卷材。

三、防水涂料

（一）沥青类防水涂料
（1）冷底子油：是沥青加稀释剂而成的一种渗透力很强的液体沥青。作为沥青卷材施工时打底的基层处理剂。
（2）乳化沥青：将液态的沥青、水和乳化剂在容器中经强力搅拌，沥青则以微粒状分散于水中，形成的乳状沥青液体。乳化沥青是一种冷用防水涂料。
（3）沥青胶：是沥青与矿质填充料及稀释剂均匀拌合而成的混合物。热用沥青胶是由加热熔化的沥青与加热的矿质填充料配制而成；冷用沥青胶是由液态沥青或乳化沥青与常温状态的矿质填充料配制而成。可用于粘结沥青防水卷材、沥青混合料、水泥砂浆及水泥混凝土，并可用作接缝填充材料等。

（二）高聚物改性沥青防水涂料
（1）高聚物改性沥青防水涂料是指以沥青为基料，用合成高分子聚合物进行改性，制成的水乳型或溶剂型防水涂料。
（2）适用于Ⅰ、Ⅱ、Ⅲ级防水等级的屋面、地面、混凝土地下室和卫生间等防水工程。

（三）合成高分子防水涂料
（1）合成高分子防水涂料是指以合成橡胶或树脂为主要成膜物质制成的单组分或多组分的防水涂料。
（2）具有高弹性、高耐久性及优良的耐高温性能，适用于Ⅰ、Ⅱ、Ⅲ级防水等级的屋面、地下室、水池及卫生间等防水工程。

四、建筑密封材料

（一）密封材料的分类
（1）建筑密封材料是嵌入建筑物缝隙中，承受位移、起到气密和水密作业的材料。

（2）分为定型（密封条、压条）和不定型（密封膏或密封胶）两类。

（二）工程中常用的密封材料

（1）沥青嵌缝油膏。

（2）聚氯乙烯接缝膏和塑料油膏。

（3）丙烯酸类密封膏。

（4）聚氨酯密封膏。

【典型例题】

【例】某防水工程需用石油沥青 40t，要求软化点不低于 85℃。现有 100 号和 10 号石油沥青，经试验测得它们的软化点分别是 46℃ 和 95℃。问这两种牌号的石油沥青如何掺配？

解：（1）计算掺配比例

100 号沥青掺配比例：

$$Q_1 = \frac{T_2 - T}{T_2 - T_1} \times 100\% = \frac{95 - 85}{95 - 46} \times 100\% = 20.4\%$$

10 号沥青掺配比例：

$$Q_2 = 100\% - Q_1 = 100\% - 20.4\% = 79.6\%$$

（2）计算掺配 40t 软化点为 85℃ 的沥青用量

100 号沥青用量：$40 \times 20.4\% = 8.2t$

10 号沥青用量：$40 \times 79.6\% = 31.8t$

以估算的掺配比例和其邻近的比例（$\pm 5\% \sim \pm 10\%$）进行试配（混合熬制均匀），测定掺配沥青的软化点，然后绘制"掺配比-软化点"曲线，即可从曲线上确定出所要求的掺配比例。

【习题练习】

一、名词解释

1. 沥青：

2. 针入度：

3. 塑性：

4. 温度敏感性：

5. 煤沥青：

二、填空题

1. 沥青常温下呈黑色或褐色的_____、_____或_____。

2. 沥青材料可分为_____和_____两大类。

3. 石油沥青的组分一般分为_____、_____、_____三大组分。

4. _____越大，说明沥青流动性越大，黏滞性越小。

5. 石油沥青的塑性用_____表示。

6. 温度敏感性是指石油沥青的_____和_____随温度升降而变化的性能。温度敏感性用_____表示。

7. _____是反映道路沥青在施工过程中安全性能的指标。

8. 石油沥青的主要技术标准以_____、相应的_____和_____等来表示。

9. 防水卷材按组成材料可分为沥青防水卷材、_____防水卷材、_____防水卷材三大类。

10. 高聚物改性沥青防水卷材：弹性体改性沥青防水卷材（SBS）和塑性体改性沥青防水卷材（APP），是以_____或_____为胎基。

11. 乳化沥青是一种_____防水涂料。

三、判断题

（　　）1. 石油沥青的防水性能好于煤沥青，但煤沥青的防腐、粘结性能好。

（　　）2. 地沥青质是决定石油沥青温度敏感性、黏性的重要组成部分，其含量越多，则软化点越低，黏性越大，即越硬脆。

（　　）3. 石油沥青的延度越大，塑性越好。

（　　）4. 大气稳定性是指沥青长期在阳光、空气、温度等的综合作用下抵抗老化的性能，它反映沥青材料的防水性。

（　　）5. 为保证沥青加热质量和施工安全，须测定沥青的闪点。

（　　）6. 道路石油沥青黏性好，塑性好，容易浸透和乳化。

（　　）7. 煤沥青中含有酚，有毒，防腐性好，适用于地下防水层或作防腐蚀材料。

（　　）8. 沥青贮运时，应按不同的品种及牌号分别堆放，避免混放混运，贮存时应尽可能避开热源及阳光照射，还应防止其他杂物及水分混入。

（　　）9. 油毡是用低软化点石油沥青浸渍原纸而制成的一种无涂盖层的防水卷材。

（　　）10. 冷底子油是沥青加稀释剂而成的一种渗透力很强的液体沥青。

（　　）11. 冷底子油可以单独使用，作沥青卷材施工时打底的基层处理剂，涂膜很薄。

四、单项选择题

1. 地沥青包括天然沥青和（　　）。

A. 煤沥青　　　　B. 木沥青　　　　C. 石油沥青　　　　D. 泥炭沥青

2. （　　）使石油沥青具有良好的塑性和粘结性。

A. 沥青脂胶　　　B. 油分　　　　　C. 煤沥青　　　　　D. 泥炭沥青

3. 建筑石油沥青具有良好的防水性、粘结性、耐热性及温度稳定性，但（　　），延伸变形性能较差，要用于屋面和各种防水工程，并用来制造防水卷材，配制沥青胶和沥青涂料。

A. 黏度小　　　　B. 黏度大　　　　C. 稳定性差　　　　D. 塑性好

4. 在实际应用中，当不能获得合适牌号的沥青时，可采用（　　）石油沥青掺配使用，但不能与煤沥青相掺。

A. 三种　　　　　B. 四种　　　　　C. 两种　　　　　　D. 五种

5. 测定沥青针入度可以评定其（　　），并依据针入度值确定沥青的牌号。

A. 黏滞性　　　　B. 塑性　　　　　C. 稳定性　　　　　D. 牌号

6. 下列指标中，（　　）指标与石油沥青划分牌号无关。

A. 针入度　　　　B. 延度　　　　　C. 蒸发损失　　　　D. 软化点

7. （　　）延伸性大、低温柔性好、耐腐蚀性强、耐水性及耐热性高，适用于屋面及地下有缝的防水层，尤其适用于沉降变形较大或沉降不均匀的建筑物中的变形缝防水。

A. 石油沥青玻璃布油毡　　　　　　B. 铝箔面油毡

C. 油纸　　　　　　　　　　　　　D. 再生胶油毡

8. 三元乙丙橡胶（EPDM）卷材属于（　　）防水卷材，有硫化型（JL）和非硫化型（JF）两类。

A. 合成高分子防水卷材　　　　　　B. 高聚物改性沥青防水卷材

C. 沥青　　　　　　　　　　　　　D. PVC

9. 高聚物改性沥青防水涂料是以（　　）为基料，适用于Ⅰ、Ⅱ、Ⅲ级防水等级的屋面、地面、混凝土地下室和卫生间等防水工程。

A. PVC　　　　　B. 沥青　　　　　C. SBS　　　　　　D. APP 卷材

10. 建筑密封材料是嵌入建筑物缝隙中，承受位移、起到（　　）作用的材料。

A. 承重　　　　　B. 美观　　　　　C. 气密和水密　　　D. 固定

五、简答题

1. 什么是改性沥青？改性沥青有哪几类？

建筑材料与检测同步训练

2. 什么是弹性体改性沥青防水卷材和塑性体改性沥青防水卷材？

3. 简述乳化沥青的概念。

4. 简述热用沥青胶和冷用沥青胶的配制，沥青胶的优点。

5. 合成高分子防水涂料的概念是什么？品种有哪些？适用于哪些防水工程？

098

六、计算题

某防水工程需用石油沥青 60t，要求软化点不低于 65℃。现有 140 号和 30 号石油沥青，经试验测得它们的软化点分别是 43℃和 75℃。问这两种牌号的石油沥青如何掺配？

【材料检测实训】

任务：检测沥青的针入度、延度和软化点。

检测实训任务单

班级			姓名			检测日期	
检测任务	检测沥青的针入度、延度和软化点						
工程名称					沥青牌号		
工程部位							
生产厂家							
沥青名称					检验依据		
检测仪器设备	针入度仪、延度仪、钢球、试样环等				相关知识		沥青、沥青的质量检测等
其他要求							
检测结果							
检测项目		1	2		3	平均值	
针入度							
延度	10℃						
	15℃						
软化点					/		
结论							

数据分析与评定：

参考评价表

项目	评价内容	分值	得分	小计	合计
1. 工作态度 （25分）	1.1 按时到达实训场地，遵守实训室的规章制度。	8分			
	1.2 有良好的团队协作精神，积极参与完成实训。	10分			
	1.3 实验结束后，认真清洗仪器、工具并及时归还。	7分			
2. 实操规范性 （25分）	2.1 仪器、工具操作规范，无人为损坏。	10分			
	2.2 能正确测定出材料的各项指标。	10分			
	2.3 能妥善处理实训过程中异常情况，无安全事故。	5分			
3. 数据填写 规范性 （25分）	3.1 能正确记录实训中测定的数据。	10分			
	3.2 实事求是，不篡改实训数据。	10分			
	3.3 实训记录表清晰、干净、整洁。	5分			
4. 材料性能分析 （25分）	4.1 能正确计算出材料性能指标。	10分			
	4.2 能根据计算材料指标判断分析材料性能。	10分			
	4.3 计算过程完整准确。	5分			

教师评价：

木材

【学习要求】

1. 了解木材的种类。
2. 理解软木材和硬木材的概念。
3. 掌握木材的宏观构造。
4. 了解木材的微观构造。
5. 掌握木材的主要物理性质。
6. 掌握含水量对木材性质的影响。
7. 掌握木材的主要力学性质。
8. 理解木材各强度大小的关系。
9. 了解影响木材强度的主要因素。
10. 了解常见木材的产品类别及其在建筑工程中的应用。
11. 掌握防止木材腐蚀的措施。
12. 了解木材的防火措施。

【知识要点】

一、树木的分类与构造

(一) 树木的分类

1. 针叶树

(1) 针叶树通常具有细长如针的叶子，这些叶子可以是针形、条形或鳞形，无托叶。

(2) 针叶树树干通直高大，纹理顺直，材质均匀，木质较软且易于加工，故又称为软木材。

2. 阔叶树

(1) 阔叶树是指叶子宽阔的树，通常具有扁平、较宽阔的叶片，叶脉呈网状。

(2) 阔叶树多数树种的树干通直部分较短，材质坚硬，较难加工，故又称硬木材。

（二）木材的构造

1. 木材宏观构造

（1）木材主要由树皮、髓心和木质部组成。

（2）建筑用木材主要使用木质部，其中靠近髓心的部分称为心材，靠近树皮的部分称为边材。

（3）边材含水量较大，易翘曲变形且耐蚀性较差。心材含水量较小，不易翘曲变形且耐蚀性较强，利用价值更大。

（4）横切面上的年轮由深浅相间的同心圆构成，色浅质软部分称为春材或早材，色深质硬的部分称为夏材或晚材。

（5）夏材越多，木材强度越高；年轮越密且均匀，木材质量越好。

（6）木材横切面上有许多径向细线条，称为髓线。干燥时常沿髓线发生裂纹，影响木材的使用性能。

2. 木材的微观构造

（1）针叶树微观构造简单而规则，主要由管胞、髓线、树脂道组成。

（2）阔叶树微观构造复杂，主要由导管、髓线和木纤维组成。

二、木材的物理力学性质

（一）木材的物理性质

1. 木材密度与表观密度

（1）各种木材的密度基本相等，平均值约为 $1.54g/cm^3$。

（2）木材的表观密度较小，表观密度大小与木材种类及含水率有关，通常以含水率为 15% 时的表观密度为准。

2. 木材含水量

（1）木材的含水量用含水率表示，指木材中所含水的质量占干燥木材质量的百分率。

（2）含水率的大小对木材的湿胀干缩和强度影响很大。

3. 木材中水分类型

（1）自由水：存在于细胞腔和细胞间隙内，干燥时首先蒸发。

（2）吸附水：存在于细胞壁内，对木材的强度和湿胀干缩性影响很大。

（3）结合水：是木材的化学成分中的化合水，对木材性质没有太大的影响。

4. 纤维饱和点

（1）湿木材在空气中干燥，当自由水蒸发完毕而吸附水尚处于饱和时，木材的含水率称为该木材的纤维饱和点。

（2）纤维饱和点是木材物理力学性质是否随含水率而发生变化的转折点。

5. 平衡含水率

（1）木材长时间处于一定温度和湿度的空气中，当水分的蒸发和吸收达到动态平衡时，木材的含水率称为平衡含水率。

（2）木材平衡含水率随大气的湿度变化而变化。

6. 木材湿胀干缩

(1) 湿胀干缩是指木材细胞壁内吸附水含量的变化引起的木材的变形。

(2) 纤维饱和点是木材发生湿胀干缩变形的转折点。

(3) 当木材从潮湿状态干燥至纤维饱和点时，自由水蒸发不改变其尺寸；继续干燥，细胞壁中吸附水蒸发，细胞壁基体相收缩，从而引起木材体积收缩。

(4) 在木材加工制作前须将其进行干燥处理，使木材的含水率与使用环境周围的平衡含水率相一致。

(二) 木材的力学性质

1. 木材的强度

(1) 木材常用的强度有抗拉强度、抗压强度、抗弯强度和抗剪强度。

(2) 木材是各向异性材料，木材的强度有顺纹强度和横纹强度之分，木材的顺纹强度比其横纹强度要大得多。

2. 影响木材强度的因素

(1) 含水率影响：含水率适中时，强度最大。当含水率小于纤维饱和点时，随着水分的增加，木材强度下降；反之，含水率降低则强度增加。超过纤维饱和点后，自由水的变化不再影响木材强度。

(2) 外力作用时间影响：长期荷载作用下，木材的持久强度明显低于其极限强度，通常为极限强度的 $50\% \sim 60\%$。

(3) 温度影响：环境温度直接影响木材的强度。温度升高，木材强度下降。

(4) 缺陷影响：木材的缺陷包括天然缺陷、生物危害缺陷以及干燥和机械加工缺陷。缺陷不仅影响木材的外观质量，还可能降低其力学性能和使用寿命。

三、木材的应用

(一) 木材产品

1. 原木

指伐倒的树干经打枝和造材加工而成的木段。

2. 锯材

指原木经制材加工而成的成品材或半成品材，分为方材与板材。

3. 胶合木

(1) 胶合木是用规格材经工程化的设计、胶粘和处理，形成较大尺寸，且符合物理力学分等要求，用于结构承重的复合木材。

(2) 分为胶合原木、结构复合木材、层板胶合木、正交层板胶合木。

(二) 木材的综合利用

1. 人造板材

(1) 胶合板：将原木旋切成大张薄片，再用胶粘剂加热压制而成。

(2) 复合板：包括复合地板及复合木板。复合地板是一种多层叠压木地板；复合木板由两片单板中间胶压拼接木板而成的特殊胶合板。

(3) 纤维板：以木质纤维或其他植物纤维为原料，经破碎、浸泡、研磨成木浆，再加入一定的胶料，经热压成型、干燥处理而成的人造板材。按密度不同分为硬质、半硬质和软质三种。

（4）刨花板：由木材碎料经过切削、干燥后，再拌以胶料、硬化剂、防水剂等辅料，在一定温度和压力下压制而成的人造板材。

（5）欧松板：又名定向结构刨花板，是以小径材、间伐材、木芯为原料，通过专用设备加工成刨片，经脱油、干燥、施胶、定向铺装、热压成型等工艺制成的一种定向结构板材。

（6）木丝板：用选定种类的晾干木料刨成细长木丝，经化学浸渍稳定处理后，在木丝表面浸涂水泥浆再加压成型制成的板材。

（7）生态板：由刨花板、中纤板或多层实木板等作为基材，表面贴覆三聚氰胺浸渍纸而成的板材。

2. 甲醛释放量控制

选择优质原材料、改进生产工艺、使用低甲醛胶粘剂、应用后期处理技术等措施减少人造板材中的甲醛含量。

3. 常见木材装饰制品

（1）木地板：木地板分为条木地板和拼花木地板两种。

（2）防腐木：防腐木是将普通木材经过人工添加化学防腐剂，使其具有防腐蚀、防潮、防真菌、防虫蚁、防霉变以及防水等特性。

（3）碳化木：碳化木是一种经过碳化处理的防腐木材，按照碳化深度分为表面碳化木和深度碳化木两种。

（4）木装饰线条：木装饰线条简称木线条，主要有楼梯扶手、压边线、墙腰线、天花角线、挂镜线等。

（5）木花格：木花格是用木板和枋木制作成具有若干个分格的木架，这些分格的尺寸或形状一般都各不相同。

四、木材的防护

（一）木材的防腐

（1）木材在加工和使用前进行干燥处理，可提高强度，防止收缩、开裂和变形。干燥方法包括自然干燥和人工干燥。

（2）木材防腐防虫关键是通过破坏真菌和虫类的生存条件来实现。

（3）常用方法有：干燥、涂料覆盖和化学处理。

（4）干燥降低木材含水率，涂料形成保护膜，化学处理使用防腐剂注入木材内部，使其成为有毒物质。

（二）木材防火

（1）防火处理方法：浸渍、添加阻燃剂和覆盖处理。

（2）浸渍使阻燃剂渗透到木材表面组织中，添加阻燃剂则在生产过程中将阻燃剂加入到纤维板、胶合板等板材中，覆盖法是在木材表面覆盖防火材料，形成防火保护层。

📝 【习题练习】

一、名词解释

1. 纤维饱和点：

2. 平衡含水率：

3. 胶合木：

4. 木材的持久强度：

5. 木材的结合水：

二、填空题

1. 从宏观构造看，树木主要由_____、_____和_____组成。建筑用木材主要是使用_____。

2. 木材每一年轮中，色浅而质软的部分是_____季长成的，称为_____；色深而质硬的部分是_____季长成的，称为_____。

3. 木材干燥收缩时容易沿髓线产生_____。

4. 阔叶材的显微构造较复杂，其细胞主要由_____、_____和_____组成。

5. 新伐材干燥时，首先是_____蒸发，然后是_____蒸发。

6. 为了避免湿胀干缩变形带来的不利影响，应该在木材加工制作前预先将其进行_____处理，使木材的含水率与使用环境周围的_____相一致。

7. 木材常用的强度有_____、_____、_____和_____。

8. 木材的缺陷主要分为_____缺陷、_____缺陷以及_____缺陷三大类。

9. 锯材分为_____与_____。

10. 胶合木分为_____、_____、_____和正交层板胶合木。

11. 欧松板表层刨片呈_____排列，芯层刨片呈_____排列。

12. 纤维板按密度不同分为_____纤维板、_____纤维板和_____纤维板三种。

13. 生产人造板材普遍使用的胶粘剂通常以_____为主要原料，使用中会散发有毒有害气体。

14. 木材的腐朽是由_____在木材中寄生而引起的，腐朽会导致木材_____降低，_____和_____下降，容易引起构件或结构的破坏。

15. 木材防火处理的方法主要有_____、_____和_____等方法。

三、判断题

（　　）1. 相同的树种，夏材越多，木材强度越低。

（　　）2. 木材的湿胀干缩变形，边材小于心材。

（　　）3. 木材的年轮越密且均匀，木材质量差。

（　　）4. 木材的显微构造中，有无导管是区分阔叶材和针叶材的重要标志。

（　　）5. 木材的表观密度大小与木材种类及含水率无关。

（　　）6. 木材平衡含水率不会随大气的湿度变化而变化。

（　　）7. 当木材从潮湿状态干燥至纤维饱和点时，不会引起木材体积收缩。

（　　）8. 当木材的含水率超过纤维饱和点时，自由水变化不会影响木材的强度。

（　　）9. 木材是非均质的各向异性材料。

（　　）10. 环境温度对木材强度没有直接影响。

（　　）11. 木材的顺纹抗压强度大于横纹抗压强度。

（　　）12. 木材的各个强度中顺纹抗剪强度最高。

（　　）13. 直角锯切且宽厚比小于 3 的锯材称为板材。

（　　）14. 胶合板中各薄片木片的纤维方向须相互垂直交错。

四、单项选择题

1. 以下关于木材的物理性质说法错误的是（　　）。

A. 各种木材的密度基本相等

B. 各种木材的表观密度基本相等

C. 自由水的变化会影响木材的表观密度、保水性、燃烧性、抗腐蚀性等

D. 含水率的大小对木材的湿胀干缩和强度影响很大

2. 下列各项表述木材中的水，错误的是（　　）。

A. 处于细胞壁中的称作吸附水

B. 自由水的增减不会引起木材的湿胀和干缩

C. 处于细胞壁外的称作自由水

D. 吸附水的增减与木材干缩无关

3. 木材的纤维饱和点是（　　）时木材的含水率。

A. 自由水为零，吸附水达到饱和

B. 自由水达到饱和，吸附水也为零

C. 自由水为零，吸附水为零

D. 自由水达到饱和，吸附水达到饱和

4. 木材中的（　　）变化对木材的强度和湿胀干缩性影响很大。

A. 自由水　　　　　　　　　　　B. 吸附水

C. 结合水　　　　　　　　　　　D. 平衡含水率

5. 木材在使用前进行干燥处理的主要目的是（　　）。

A. 提高强度　　　　　　　　　　B. 防虫蛀

C. 减轻重量   D. 防止变形

6. 木材的含水率对其强度的影响是（   ）。

A. 含水率越高，强度越大   B. 含水率越低，强度越小

C. 含水率适中时，强度最大   D. 含水率对强度无影响

7. 木材的缺陷不包括（   ）。

A. 节子   B. 腐朽   C. 裂纹   D. 翘曲

8. 木材加工制作前，应预先将其干燥至含水率达到（   ）。

A. 标准含水率   B. 饱和含水率

C. 平衡含水率   D. 纤维饱和点

9. 以下不属于胶合板的主要特征的是（   ）。

A. 材质均匀   B. 无明显纤维饱和点存在

C. 吸湿性小   D. 易翘曲开裂

10. 室外露天使用的胶合板应该使用（   ）胶合板。

A. Ⅰ类（NQF）   B. Ⅱ类（NS）   C. Ⅲ类（NC）   D. Ⅳ类（BNS）

11. 以木质纤维或其他植物纤维为原料，经破碎、浸泡、研磨成木浆，再加入一定的胶料，经热压成型、干燥处理而成的人造板材称为（   ）。

A. 纤维板   B. 刨花板

C. 生态板   D. 木丝板

12. 欧松板表层刨片呈（   ）排列，芯层刨片呈（   ）排列。

A. 纵向，纵向   B. 纵向，横向

C. 横向，纵向   D. 横向，横向

五、简答题

1. 简述木材干缩湿胀的原因及预防措施。

2. 胶合木有哪些特性？

3. 为什么说深度碳化防腐木是真正的绿色环保产品？

4. 为什么要控制木材制品的甲醛释放量？

5. 木材的防火措施主要有哪些？

其他工程材料

【学习要求】

1. 了解绝热材料的基本性能。
2. 熟悉常见的绝热材料。
3. 了解建筑塑料的分类、特点和组成。
4. 掌握建筑塑料的应用。
5. 了解胶粘剂的组成。
6. 掌握胶粘剂的分类和应用。
7. 掌握天然石材和人造石材的定义。
8. 理解建筑陶瓷的分类。
9. 熟悉铝合金制品的类型。
10. 了解常见钢材制品的类型。
11. 了解铜及铜合金材料的应用。
12. 了解装饰玻璃的分类。
13. 了解建筑涂料的定义和分类。
14. 熟悉吸声材料、隔声材料的原理及结构。

【知识要点】

一、绝热材料

(一) 绝热材料的基本性能

1. 导热系数

(1) 导热系数是表示材料的导热能力的指标。

(2) 材料导热系数越大,导热性能越好。

(3) 影响因素:材料本身物质构成、微观结构、孔隙率、孔隙特征、含水率。

2．温度稳定性

（1）温度稳定性是指材料受热作用下保持其原有性能不变的能力。

（2）通常用其不至于丧失绝热性能的极限温度来表示。

3．强度

通常采用抗压强度和抗折强度，由于绝热材料含有大量的孔隙，强度不高，不宜将绝热材料用于承受外界荷载部位。

（二）常见的绝热材料

1．无机绝热材料

（1）矿物棉是最常见的无机绝热材料，也是目前使用量最大的无机绝热材料，包括矿棉、玻璃棉和植物纤维等为主要原料制成的板、筒、毡、带等形状的制品。矿物棉原料来源广、成本低。具有轻质、不燃、绝热和电绝缘等性能。

（2）植物纤维复合板是以植物纤维为主要材料，经过加工处理后加入胶结料和填料而制成的保温材料，既具备保温性能，又能满足建筑节能需求，还能用于装饰。

（3）硅酸铝棉是一种人造无机纤维，又称耐火纤维。具有质轻、耐高温、导热系数低、优良的热稳定性、优良的抗拉强度和优良的化学稳定性等性能。

（4）膨胀蛭石主要用于填充墙壁、楼板及平顶屋，保温效果好。可与水泥、水玻璃等凝胶材料配合，制成砖、板、管壳等用于围护结构及管道保温。

（5）膨胀珍珠岩是以天然珍珠岩、黑曜石和松脂岩为原料，经煅烧后体积急剧膨胀 4～30 倍而成的多孔、白色颗粒状物，是一种高效能保温保冷填充材料。

（6）加气混凝土是以硅质材料和钙质材料为主要原料，掺加发气剂制成的轻质多孔硅酸盐制品，广泛用于建筑工程中的轻质砖、轻质墙、隔声砖等。

2．有机绝热材料

（1）聚苯乙烯泡沫塑料分为模塑聚苯乙烯泡沫保温板（EPS 板）和挤塑聚苯乙烯泡沫保温板（XPS 板）两种。XPS 板具有导热系数小、高抗压、防潮、不透气、不吸水、质轻、耐腐蚀、使用寿命长等优点。

（2）酚醛泡沫是由热固性酚醛树脂加入发泡剂、固化剂及其他助剂制成的闭孔硬质泡沫塑料，具有不燃、防火、低烟、抗高温变形的特点。

3．其他保温材料

（1）软木是橡树的树皮。软木板具有密度低、可压缩、有弹性、防潮、耐油、耐酸、减振、隔声、隔热、阻燃、绝缘等一系列优良特性，还有防霉、保温、吸音、静音的特点。

（2）中空玻璃是用两片或两片以上的玻璃，使用高强度高气密性复合胶粘剂，将玻璃片与内含干燥剂的铝合金框架粘结，制成的高效能隔声隔热玻璃。

（3）窗用绝热薄膜又称为新型防热片，厚度约 12～50μm，用于建筑物窗户的绝热，可以遮蔽阳光，防止室内陈设物褪色，降低冬季热能损失，节约能源。

二、建筑塑料及胶粘剂

（一）建筑塑料

1．塑料的分类

（1）按树脂的合成方法分为聚合物塑料和缩合物塑料。

（2）按树脂在受热时所发生的变化不同分为热塑性塑料和热固性塑料。

2. 塑料的主要特征

塑料是具有可塑性的高分子材料，有质轻、绝缘、耐腐、耐磨、绝热、隔声等优良性能。

3. 塑料的组成

（1）合成树脂：塑料的主要性能取决于所采用的合成树脂。

（2）填充料：作用为节约树脂、降低成本，调节塑料的物理化学性能。

（3）添加剂：改善或调节塑料的某些性能。

（4）增塑剂：改善塑料的韧性和柔顺性等机械性能。

（5）固化剂：使树脂具有热固性。

（6）着色剂：使塑料具有鲜艳的色彩和光泽。

（7）阻燃剂：提高塑料的耐热性和自熄性。

（8）稳定剂：防止和缓解高聚物的老化，延长塑料制品的使用寿命。

4. 建筑工程中常见的塑料类型

（1）聚氯乙烯（PVC）：机械强度高，化学稳定性好，适宜制造塑料门窗、下水管、线槽等。

（2）聚乙烯（PE）：主要用于给水排水管、卫生洁具。

（3）聚丙烯（PP）：用来生产管材、卫生洁具等建筑制品。

（4）聚苯乙烯（PS）：用来生产泡沫隔热材料、透光材料等制品。

（5）ABS塑料：是改性聚苯乙烯塑料。

（6）酚醛树脂：粘结强度高、耐光、耐热、耐腐蚀、电绝缘性好，质脆。可制成酚醛塑料制品（俗称电木），还可制成压层板等。

（7）环氧树脂（EP）：是很好的粘合剂，耐侵蚀性能较强，稳定性很高。

（8）聚氨酯塑料（PU）：可作涂料和胶粘剂。

（9）玻璃纤维增强塑料（玻璃钢）：用玻璃纤维制品、增强不饱和聚酯或环氧树脂等复合而成的一种热固性塑料。

（10）聚甲基丙烯酸甲酯（PMMA）：又称有机玻璃，是透光度最高的一种塑料。

5. 常见的塑料建材

（1）塑料管材和型材：有热塑性塑料管和热固性塑料管两大类。

（2）塑料门窗：分为全塑料门窗以及复合塑料门窗两类。

（3）塑料壁纸。

（4）塑料地板。

（5）塑料装饰板：以树脂材料为浸渍材料或以树脂为基材，经一定工艺制成的具有装饰功能的板材。主要有塑料贴面装饰板、覆塑装饰板、聚氯乙烯塑料装饰板、聚氯乙烯透明塑料板及有机玻璃装饰板材等。

（二）胶粘剂

1. 胶粘剂的组成

组成：粘料，硬化剂，催化剂，填料，稀释剂，其他外加剂。

2．胶粘剂的分类

（1）按强度特性分：结构性胶粘剂和非结构性胶粘剂两类。

（2）按化学成分分：有机胶粘剂和无机胶粘剂两类。

（3）按粘料成分分：热固型、热塑型、橡胶型和混合型胶粘剂。

3．常用胶粘剂

（1）环氧树脂类胶粘剂。

（2）聚乙烯醇缩甲醛胶粘剂（108 胶）。

（3）聚醋酸乙烯胶粘剂（白乳胶）。

（4）酚醛树脂类胶粘剂。

三、建筑装饰材料

（一）建筑装饰石材

1．天然石材

（1）天然石材是指从天然岩体中开采出来的毛料，经过加工成为板状或块状的饰面材料。

（2）花岗石是一种火成岩，属于硬石材。

（3）大理石的主要成分是碳酸钙，化学稳定性不如花岗岩，不耐酸，不宜用作外墙及其他露天部位的装饰材料。

2．人造石材

主要有水泥型人造石材、树脂型人造石材、复合型人造石材及烧结型人造饰面石材等。

（二）建筑陶瓷

（1）釉面砖：以黏土、石英、长石、助燃剂、颜料及其他矿物原料经过加工成含有一定水分的生料，再经过模具压制成型、烘干、素烧、施釉和釉烧而成。

（2）墙地砖：墙地砖生产工艺类似于釉面砖，分为上釉和不上釉两种。

（3）陶瓷锦砖：以优质的瓷土为主要原料，经压制烧制而成的片状小瓷砖，表面一般不上釉。通常将不同颜色和形状的小块瓷片铺贴在牛皮纸上成联使用。

（4）卫生陶瓷：卫生陶瓷适用于卫生间的卫生洁具，如洗面盆、坐便器、水槽等。

（三）装饰金属材料

1．铝合金制品

主要有：铝合金门窗，铝合金板，铝塑板，铝蜂窝复合材料，铝合金龙骨，铝箔及铝粉，镁铝曲板，铝合金波纹板和压型铝板等。

2．建筑装饰用钢材制品

主要有：普通不锈钢制品，彩色不锈钢板，彩色压型钢板，轻钢龙骨等。

3．铜及铜合金材料

（1）黄铜：以铜、锌为主要合金元素的铜。分为普通黄铜和特殊黄铜。

（2）青铜：以铜和锡作为主要成分的合金称为锡青铜。具有良好的强度、硬度、耐蚀性和铸造性。

（四）装饰玻璃

1. 玻璃的概念

（1）玻璃是由石英砂、纯碱、长石、石灰石等作为主要原料，经过高温（1550～1600℃）熔融、成型、冷却、固化后得到的透明非晶态无机物。

（2）玻璃除了具有透光透视、隔声、绝热等功能外，还具有装饰功能。

2. 装饰玻璃的类型

主要有：平板玻璃、安全玻璃、中空玻璃、节能玻璃和玻璃空心砖等。

（五）建筑涂料

（1）建筑涂料是指涂敷于建筑物表面，形成连续性涂膜，对建筑物起到装饰、保护或使建筑物具有某种特殊功能的材料。

（2）按成膜物质性质不同分为有机涂料、无机涂料和复合涂料。

（3）按使用的分散介质不同分为溶剂型涂料和水性涂料。

（4）按照使用的部位不同分为内墙装饰涂料、外墙装饰涂料、地面装饰涂料和顶棚装饰涂料。

四、吸声材料、隔声材料

（一）材料吸声的原理

声音在传播的过程中，一部分由于声能随着距离的增大而扩散，另一部分则因空气分子的吸收而减弱。

（二）吸声材料及其结构

可分为多孔吸声材料、薄板振动吸声结构、共振吸声结构、穿孔组合共振吸声结构、柔性吸声材料、悬挂空间吸声体和帷幕吸声体等。

（三）隔声材料

（1）声波传播到材料或结构时，因材料或结构吸收会失去一部分声能，透过材料的声能总是小于作用于材料或结构的声能，透射系数越小，材料的隔声性能越好。

（2）声波在材料或结构中传递的基本途径有两种。一是经由空气直接传播；二是由于机械振动或撞击使材料或构件振动发声。前者称为空气声，后者称为结构声。

（四）新型建筑材料

1. 蒸压轻质混凝土板（ALC板）

是以粉煤灰、水泥、石灰等为主原料，经过高压蒸汽养护而成的多气孔混凝土成型板材。ALC板既可做墙体材料，又可做屋面板，是一种性能优越的新型建材。

2. 硅藻泥

主要成分是硅藻土，硅藻土是一种生物成因的硅质沉积岩，它主要由古代硅藻的遗骸所组成。具有了极强的物理吸附性能和离子交换性能。

3. 聚碳酸酯板（PC板）

一种新型的高强度、透光建筑材料，是取代玻璃、有机玻璃的最佳建材。PC板比夹层玻璃、钢化玻璃、中空玻璃等更具轻质、耐候、超强、阻燃、隔声等优异性能。

4. 氟塑料（ETFE）

ETFE膜材料的成分为乙烯—四氟乙烯共聚物，它是无织物基材的透明膜材料，其延伸率可达 420％～440％。ETFE 膜材料的透光光谱与玻璃相近（俗称为软玻璃）。我国 2008 年奥运会主游泳馆"水立方"大量使用了这种材料。

【习题练习】

一、名词解释

1. 导热系数：

2. 膨胀珍珠岩：

3. 酚醛泡沫：

4. 塑料壁纸：

5. 天然石材：

6. 铝塑板：

7. 建筑涂料：

二、填空题

1. 绝热材料按照其构造可分为_____、_____和_____材料三种。

2. 影响材料导热系数的因素有：材料本身物质构成、_____、_____、孔隙特征和_____。

3. 矿渣棉是以_____、_____等工业废料矿渣为主要原料，添加钙质和_____原料制成。

4. 中空玻璃是用_____的玻璃，使用高强度高气密性复合胶粘剂，将玻璃片与内含干燥剂的铝合金框架粘结，制成的高效能_____玻璃。

5. 塑料按树脂的合成方法分为_____塑料和_____塑料。按树脂在受热时所发生的变化不同分为_____塑料和_____塑料。

6. 塑料主要存在_____、_____、_____和刚性差等缺点。

7. 环氧树脂是以_____和_____为主要原料制成。

8. 胶粘剂按强度特性分为_____胶粘剂和_____胶粘剂两类。

9. 大理石是_____与_____在_____、_____作用下矿物重新结晶变质形成的。

10. 釉面砖是以_____、_____、_____、助燃剂、颜料及其他矿物原料经过加工成含有一定水分的生料，再经过模具压制成型、烘干、素烧、_____而成。

11. 不锈钢是以_____元素为主加元素的合金钢。不锈钢中还需要加入_____、锰、_____、_____等元素，以改善不锈钢的性能。

12. 以_____和_____作为主要成分的合金称为青铜。

13. 玻璃是由_____、_____、_____、_____等作为主要原料，经过高温（1550～1600℃）熔融、成型、冷却、固化后得到的_____无机物。

14. 涂料按成膜物质性质不同分为_____涂料、_____涂料和_____涂料。

15. 硅藻泥的主要成分是_____，它是一种生物成因的硅质沉积岩，它主要由_____的遗骸所组成。

三、判断题

（　　）1. 工程上将导热系数 $\lambda < 0.23W/(m \cdot K)$ 的材料称为绝热材料。

（　　）2. 无机保温绝热材料的表观密度较小。

（　　）3. 根据需要可以将绝热材料用于承受外界荷载的部位。

（　　）4. 硅酸铝棉保温材料接触水会大大降低保温隔热效果。

（　　）5. 塑料的主要性能取决于所采用的合成树脂。

（　　）6. 聚氯乙烯（PVC）机械强度不高，化学稳定性不好。

（　　）7. 塑料管有热塑性塑料管和热固性塑料管两大类。

（　　）8. 塑料门窗按生产工艺可分为压延法、热压法与注射法。

（　　）9. 水玻璃膨胀珍珠岩制品碎裂后容易引起火灾。

（　　）10. 酚醛塑料制品的电绝缘性好。

（　　）11. 白乳胶是以稀释剂为分散介质进行乳液聚合而得，是一种水性环保胶。

（　　）12. 大理石的主要成分是碳酸钙，化学稳定性不如花岗岩，不耐酸，不宜用作外墙及其他露天部位的装饰材料。

（　　）13. 以铜、铝为主要合金元素的铜合金称为黄铜。

（　　）14. PE 塑料是改性聚苯乙烯塑料。

（　　）15. 工程中选择隔声材料时，应选择疏松、表观密度小的材料。

四、单项选择题

1. 以下关于塑料的组成材料说法错误的是（　　）。

A. 塑料中填充料的作用是节约树脂、降低成本，调节塑料的物理化学性能，含量 40%～70%

B. 添加剂不能改善或调节塑料的某些性能

C. 增塑剂一般为沸点较高、不易挥发、与树脂有良好相容性的低分子油状物

D. 稳定剂的作用是防止和缓解高聚物的老化，延长塑料制品的使用寿命

2. 以下关于胶粘剂的组成材料说法错误的是（　　）。

A. 粘料是胶粘剂的基本成分，决定胶粘剂的性能

B. 硬化剂能使线性分子形成网状体形结构，从而使胶粘剂固化。加入催化剂是为了加速高分子化合物的硬化过程

C. 填料不能改善胶粘剂的性能，但可降低胶粘剂的成本。常用石棉粉、石英粉、氧化铝粉、金属粉等

D. 稀释剂用于溶解和调节胶粘剂的黏度，增加涂敷润湿性

3. 以下关于人造石材的说法错误的是（　　）。

A. 人造石材具有天然石材的质感，色泽艳丽、花色繁多，重量轻、强度高，耐久性好，可锯切、钻孔

B. 人造石材施工方便，可以根据需要制作成弧形、曲面等天然石材难以加工的复杂形状

C. 水泥型人造石材和树脂型人造石材都属于人造石材

D. 复合型人造石材及烧结型人造饰面石材不属于人造石材

4. 以下关于轻钢龙骨的说法错误的是（　　）。

A. 轻钢龙骨是以镀锌钢带或薄钢板特制轧机以多道工艺轧制而成

B. 具有强度大、通用性强、耐火性好、安装简易等优点

C. 轻钢龙骨可装配各种类型的纸面石膏板、钙塑泡沫装饰吸声板、矿棉吸声板等

D. 轻钢龙骨断面有 U 形、C 形、T 形及 L 形。吊顶龙骨代号 Q，隔断龙骨代号 D。吊顶龙骨分主龙骨、次龙骨。隔断龙骨则分竖龙骨、横龙骨和通贯龙骨等

5. 靠共振吸声的材料不包括（　　）。

A. 闭孔型泡沫塑料　　　　　　　　B. 胶合板

C. 膨胀珍珠岩制品　　　　　　　　D. 穿孔板

6. 我国 2008 年奥运会主游泳馆"水立方"大量使用的透明膜材料是（　　）。

A. ETFE 膜材料　　　　　　　　　B. 有机玻璃

C. PET 树脂塑料　　　　　　　　　D. PC 板

7. 铝箔是用纯铝或铝合金加工成厚（　　）的薄片制品，具有良好的防潮与隔热性能。

A. 0.0063～0.2mm　　　　　　　　B. 0.5～0.8mm

C. 1.0～1.2mm　　　　　　　　　　D. 0.6～0.9mm

8. （　　）胶具有黏度性稳定，粘结力强，防霉变、抗强碱、与其他水溶性胶的相容性好，清晰透明，抗冻融，成膜性好。

A. 106　　　　　　B. 107　　　　　　C. 108　　　　　　D. 109

9. 有机玻璃装饰板材透光性极好，可透过光线的（　　），并能透过紫外线的 73.5%。

A. 96%　　　　　　B. 99%　　　　　　C. 98%　　　　　　D. 97%

10. 膨胀珍珠岩是由天然珍珠岩、黑曜石和松脂岩为原料，经煅烧体积急剧膨胀（　　）倍而得多孔、白色颗粒状物。

A. 3～40 倍　　　　B. 4～50 倍　　　　C. 5～35 倍　　　　D. 4～30 倍

11. 一般情况下，塑料的组成材料不包括（　　　）。

A. 稳定剂　　　　　B. 稀释剂　　　　　C. 增塑剂　　　　　D. 固化剂

12. 由于机械振动或撞击使材料或构件振动发声称为（　　　）。

A. 结构声　　　　　B. 空气声　　　　　C. 波动声　　　　　D. 传动声

13. 材料的隔声能力可通过材料对声波的（　　　）来衡量。

A. 传播系数　　　　B. 阻断系数　　　　C. 隔声系数　　　　D. 透射系数

14. 蒸压轻质混凝土板的代号是（　　　）。

A. ALC　　　　　　B. ALB　　　　　　C. CLA　　　　　　D. ABL

15. 以下不属于安全玻璃的是（　　　）。

A. 钢化玻璃　　　　B. 夹丝玻璃　　　　C. 平板玻璃　　　　D. 夹层玻璃

五、简答题

1. 简述无机保温绝热材料和有机保温绝热材料的主要特征。

2. 常见的塑料装饰板有哪些？

3. 建筑工程中常见的塑料类型有哪些？

4. 什么是铝蜂窝复合材料?

5. 简述聚醋酸乙烯胶粘剂（白乳胶）的主要特点。

6. 简述吸声材料及其结构的种类。

7. 简述声波在材料或结构中传递的基本途径。

模拟自测

模拟自测 1

题号	一	二	三	四	五	总分
得分						

一、填空题（每空 1 分，共 20 分）

1. 表观密度是指材料在_____状态下_____的质量。

2. 为了保证石灰完全消解，以消除过火石灰的危害，石灰在熟化后，必须在贮灰坑中陈放一定时间才能使用，这个过程叫作_____。石灰浆体的硬化包括两个同时进行的过程：_____和_____。

3. 材料在外力作用下抵抗破坏的能力称为_____。

4. 水泥是水硬性无机胶凝材料，它既能在_____中硬化，还可在_____中硬化。

5. 混凝土拌合物黏聚性差，则在施工中易发生_____、_____，致使混凝土硬化后产生"蜂窝""麻面"等缺陷。

6. 砂浆的流动性用_____表示。砂浆的保水性用_____表示。

7. 防水涂料按成膜物质的主要成分可分为_____、_____、合成高分子类。

8. _____是指钢材抵抗冲击荷载而不被破坏的能力。冷弯性能指钢材在常温下承受_____的能力。

9. 烧结普通砖的强度等级是按抗压强度_____值及抗压强度_____值来评定的。

10. 目前我国国家标准，包括_____国家标准（代号 GB）和_____国家标准（代号 GB/T）。

二、单项选择题（每题 2 分，共 30 分）

1. 材料在各种外界因素作用下，能长期地正常工作，能保持其原有性能而不变、不破坏的性质，称为（　　）。

   A. 抗化学侵蚀性 　　　　　　　B. 抗碳化性能
   C. 大气稳定性 　　　　　　　　D. 耐久性

2. 代号为 P·O 的水泥指的是（　　）。

A. 硅酸盐水泥   B. 普通硅酸盐水泥

C. 粉煤灰水泥   D. 矿渣水泥

3. 坍落度表示塑性混凝土（   ）的指标。

A. 流动性   B. 黏聚性   C. 保水性   D. 含水情况

4. 关于建筑材料塑性的正确表述是（   ）。

A. 外力取消后恢复原状，但局部有裂缝

B. 外力取消后恢复原状，不产生裂缝

C. 外力取消后保持变形状态，且产生裂缝

D. 外力取消后保持变形状态，不产生裂缝

5. 混凝土的（   ）强度最大。

A. 抗压   B. 抗拉   C. 抗弯   D. 抗剪

6. 快硬高强的混凝土宜采用（   ）。

A. 矿渣水泥   B. 火山灰水泥   C. 粉煤灰水泥   D. 硅酸盐水泥

7. 水泥混合砂浆采用的水泥，其强度等级不宜大于（   ）级。

A. 32.5   B. 32.5R   C. 42.5   D. 42.5R

8. 表示石油沥青塑性的指标为（   ）。

A. 延伸度   B. 针入度   C. 软化点   D. 针入度比

9. 将砖、石、砌块等粘结成为砌体的砂浆称为（   ）砂浆。

A. 抹面   B. 砌筑   C. 防水   D. 装饰

10. 以下工程适合使用硅酸盐水泥的是（   ）。

A. 大体积的混凝土工程

B. 受化学及海水侵蚀的工程

C. 耐热混凝土工程

D. 早期强度要求较高的工程

11. 关于建筑材料的抗冻性，以下说法错误的是（   ）。

A. 材料的抗冻性与其吸水率无关

B. 抗冻性好的材料，其耐久性也较好

C. 材料的抗冻性与其孔隙率和孔结构有关

D. 抗冻性是指材料在吸水饱和状态下，能经受多次冻融循环而不破坏，强度也不显著降低的性质

12. 建筑石膏凝结硬化时，最主要的特点是（   ）。

A. 体积膨胀大   B. 体积收缩大

C. 凝结硬化快   D. 放出大量的热

13. 憎水性材料的润湿角 θ（   ）。

A. $\leq 45°$ B. $\leq 90°$ C. $> 90°$ D. $> 45°$

14. 当混凝土拌合物流动性偏小时，应采取（   ）的办法调整。

A. 保持 W/C 不变的情况下，增加水泥浆量

B. 加适量水

C. 保持砂率不变的情况下，增加砂、石用量

D. 加 $CaCl_2$

15. 煤沥青比石油沥青的（　　）好，故可用作防腐蚀材料。

A. 韧性　　　　　　　B. 大气稳定性　　　　　C. 防腐性　　　　　　　D. 防水性

三、判断题（对的请打"√"，错的请打"×"，每题 1 分，共 10 分）

（　　）1. 密度是指材料在自然状态下，单位体积的质量。

（　　）2. 密实度与孔隙率的关系是 $D+P=1$。

（　　）3. 体积安定性不符合规定的水泥，为不合格品。

（　　）4. 砂浆的和易性包括：流动性、黏聚性、保水性。

（　　）5. 钢材的屈强比越大，表示使用时的安全储备越高。

（　　）6. 有抗渗要求的混凝土结构宜采用火山灰水泥。

（　　）7. 实践证明，材料用量相同的混凝土试件，其尺寸越大，测得的强度越低。

（　　）8. 石油沥青的黏滞性用针入度表示，针入度值的单位是"mm"。

（　　）9. APP 防水卷材尤其适用于高温炎热地区的建筑物的防水。

（　　）10. 烧结多孔砖由于国家"禁实"政策，在大中城市应用较少。

四、简答题（每题 5 分，共 25 分）

1. 什么是建筑砂浆？其主要组成材料有哪些？

2. 石灰的贮运要求有哪些？

3. 影响混凝土拌合物和易性的主要因素是什么？

4. 硅酸盐水泥石腐蚀的类型有哪些？

5. 何谓钢材的冷加工强化及时效处理？

五、计算题（每题 5 分，共 15 分）

1. 砂取样筛分结果如下，计算分计筛余（%）、累计筛余（%）及细度模数。

筛孔尺寸(mm)	4.75	2.36	1.18	0.60	0.30	0.15	<0.15
筛余量(g)	30	170	120	90	50	30	10
分计筛余(%)							
累计筛余(%)							

解：

筛孔尺寸(mm)	4.75	2.36	1.18	0.60	0.30	0.15	<0.15
筛余量(g)	30	170	120	90	50	30	10
分计筛余(%)							
累计筛余(%)							

2. 混凝土设计配合比为 $1：1.9：3.8$，$W/C = 0.6$，混凝土的湿表观密度为 $2400kg/m^3$，求 $1m^3$ 混凝土中各材料用量。施工现场砂含水率为 5%，石含水率为 1%，求施工配合比。

3. 某工地有含水率为 4% 的砂子 $100t$，试求其中含有水分的质量和干砂的质量分别是多少。

模拟自测 2

题号	一	二	三	四	五	总分
得分						

一、填空题（每空 1 分，共 20 分）

1. 散粒材料堆积状态下的体积，包括了颗粒的_____体积和颗粒之间的_____体积。

2. 钢丝按外形分为_____、_____、_____。

3. 水泥的贮存期一般为_____个月。

4. 砂浆的保水性可以用_____表示，也可以用_____表示。

5. 设计混凝土配合比应同时满足_____、_____、_____和经济性等四项基本要求。

6. 胶粘剂按强度特性分为_____胶粘剂和_____胶粘剂两类。

7. 材料在外力作用下，无明显_____而突然破坏的性质，称为脆性。

8. 建筑密封材料分为_____和_____两类。

9. 砂浆用于砌筑砌块时，其强度取决于_____和_____。

10. 混凝土立方体抗压强度试验的标准试件边长是_____mm，轴心抗压强度采用_____的标准试件。

二、单项选择题（每题 2 分，共 30 分）

1. 用排液法测得的密度称为（　　）。

A. 密度   B. 堆积密度   C. 干表观密度   D. 表观密度

2. 石灰在熟化过程中的"陈伏"是为了（   ）。

A. 消除过火石灰的危害   B. 降低发热量

C. 有利于结晶   D. 蒸发水分

3. 影响混凝土拌合物和易性的主要因素不包括（   ）。

A. 用水量   B. 施工条件   C. 外加剂   D. 砂率

4. 钢材随着其含碳量的提高而强度提高，其塑性和冲击韧性呈现（   ）。

A. 减少   B. 提高   C. 不变   D. 降低

5. 采用粗砂配制混凝土，砂率应适当（   ）。

A. 增加   B. 减少   C. 不变   D. 按实际确定

6. 有快硬、高强要求的混凝土应优先选用（   ）。

A. 硅酸盐水泥   B. 矿渣硅酸盐水泥

C. 粉煤灰硅酸盐水泥   D. 火山灰硅酸盐水泥

7. 砌筑砂浆的分层度不宜大于（   ）mm。

A. 10   B. 20   C. 30   D. 50

8. 原则上，在能顺利进行施工的前提下，混凝土坍落度的选择原则是（   ）。

A. 尽可能大   B. 尽可能小

C. 无法确定   D. 根据混凝土强度选择

9. 在游泳池使用的砂浆，下列（   ）可作为胶凝材料。

A. 石灰   B. 石膏   C. 水泥   D. 水玻璃

10. 某混凝土的砂用量为646kg，石子用量为1200kg，则该混凝土的砂率为（   ）。

A. 54%   B. 42%   C. 35%   D. 30%

11. 石膏制品具有良好的抗火性是因为（   ）。

A. 石膏结构致密

B. 石膏化学稳定性好，高温不分解

C. 石膏遇火时脱水，在表面形成水蒸气和隔热层

D. 石膏凝结硬化快

12. 过火石灰对建筑工程的影响主要是（   ）。

A. 导致结构开裂   B. 提高结构强度

C. 使结构更加耐久   D. 使结构收缩变形

13. 木材在使用前进行干燥处理，主要是为了降低（   ）。

A. 强度   B. 硬度   C. 含水率   D. 脆性

14. 以下哪种材料不属于绝热材料（   ）。

A. 膨胀珍珠岩   B. 泡沫塑料   C. 红砖   D. 玻璃棉

15. 建筑玻璃中，具有良好的保温隔热性能的是（   ）。

A. 平板玻璃   B. 吸热玻璃   C. 钢化玻璃   D. 中空玻璃

三、判断题 （对的请打"√"，错的请打"×"，每题1分，共10分）

（   ）1. 抗拉强度是钢材受拉时所能承受的最大应力值。

（   ）2. 材料含水率的大小与周围空气的相对湿度和温度无关。

（　　）3.超过贮存期的硅酸盐水泥可不重新进行质量检验直接使用。

（　　）4.烧结空心砖可用于建筑物的非承重部位。

（　　）5.混凝土抗压强度试验时，试块尺寸越大，由于破坏荷载大，因此测得的抗压强度高。

（　　）6.石油沥青的针入度越小，说明流动性越小，黏滞性越大。

（　　）7.混凝土和易性调整时，不应改变混凝土水灰比。

（　　）8.抹面砂浆可以一次抹好，不需要分层施工。

（　　）9.对钢材冷拉处理，是为提高其强度和塑性。

（　　）10.石膏及石膏制品可用于室内及室外装饰工程。

四、简答题（每题 5 分，共 25 分）

1.简述材料检测时进行见证取样和送检的概念和意义。

2.判断水泥为合格品的条件有哪些？

3.什么是石油沥青的老化？老化后的沥青性能会发生哪些变化？

4.新拌砂浆的和易性包括哪些？分别用什么指标表示？

5. 材料的导热性与孔隙有什么关系？

五、计算题（每小题 5 分，共 15 分）

1. 某防水工程需石油沥青 20t，要求软化点不低于 75℃，现有 60 号和 10 号石油沥青，测得它们的软化点分别是 49℃和 95℃，问这两种牌号的石油沥青如何掺配？

2. 一块质量为 2750g 的烧结普通黏土砖（240mm×115mm×53mm），浸水饱和后的质量为 2900g，烘干后的质量为 2650g，求该砖的表观密度、含水率、质量吸水率、体积吸水率。

3. 某结构用钢筋混凝土梁，混凝土的试配强度为 C35，施工采用机械搅拌，混凝土拌合物的表观密度为 2400kg/m³，确定水灰比为 0.46，用水量为 175kg/m³，砂率为 31%，求 1m³ 混凝土中的水泥、砂子和石子的用量分别是多少？

模拟自测 3

题号	一	二	三	四	五	总分
得分						

一、填空题（每空 1 分，共 20 分）

1. 生石灰按照氧化镁含量的高低分为_____生石灰和_____生石灰。

2. 吸声材料的基本特征是开口_____多。

3. 碳素钢按含碳量的多少分为_____、_____、高碳钢。建筑上多采用_____。

4. 建筑石膏的产品标记按照名称、_____、_____及_____的顺序标记。

5. 表示石油沥青的黏滞性的两个指标是：_____和_____。

6. 通用硅酸盐水泥生产中加入适量石膏，目的是延缓水泥的_____。

7. 吸水率是表示材料_____的指标，含水率是表示材料_____的指标。

8. 砂的筛分曲线表示砂的_____，细度模数表示砂的_____。

9. 预拌砂浆是指专业生产厂家生产的_____砂浆或_____砂浆。

10. _____通常具有细长如针的叶子，树干通直高大，纹理顺直，材质均匀，木质较软且易于加工，故又称为_____。

二、单项选择题（每题 2 分，共 30 分）

1. 《通用硅酸盐水泥》GB 175—2023 是（　　）标准。

A. 国家强制性　　　　　　　　　　B. 国家推荐性

C. 检测方法标准　　　　　　　　　D. 应用技术标准

2. 下列不属于气硬性胶凝材料的是（　　）。

A. 石灰　　　　　　B. 石膏　　　　　　C. 水玻璃　　　　　　D. 水泥

3. 建筑石膏是指（　　）。

A. 硫酸钙　　　　　　　　　　　　B. 半水硫酸钙

C. 半水碳酸钙　　　　　　　　　　D. 二水硫酸钙

4. 硅酸盐水泥石遭到腐蚀的主要原因是（　　）。

A. 水泥石中存在易引起腐蚀的水化产物 $Ca(OH)_2$

B. 水泥石自身结构不够密实

C. 水泥石表面没有保护层

D. A+B

5. 对出厂超过 3 个月的过期水泥的处理办法是（　　）。

A. 按原强度等级使用　　　　　　　B. 降级使用

C. 重新鉴定强度等级　　　　　　　D. 判为废品

6. 混凝土的捣实或砂浆的砌筑应在水泥的（　　）时间之前完成。

A. 凝结　　　　　　B. 初凝　　　　　　C. 终凝　　　　　　D. 硬化

7. 水泥的水化热对（　　）不利。

A. 水下工程   B. 冬期施工工程

C. 大体积混凝土工程   D. 抢修工程

8. 快硬高强混凝土应选用（　　　）。

A. 硅酸盐水泥   B. 普通水泥

C. 矿渣水泥   D. 火山灰水泥

9. 砂率是（　　　）的百分率。

A. 砂子质量/石子质量

B. 石子质量/砂子质量

C. 砂子质量/（砂子质量＋石子质量）

D. 石子质量/（砂子质量＋石子质量）

10. 将 500g 湿砂烘干后质量为 450g，则该砂的含水率为（　　　）。

A. 11%   B. 10%   C. 9%   D. 8%

11. 测定砌筑砂浆立方体抗压强度时采用的砂浆试件边长尺寸为（　　　）mm。

A. 100   B. 150   C. 75   D. 70.7

12. 不能用于砌筑承重墙的材料是（　　　）。

A. 烧结多孔砖   B. 粉煤灰砖

C. 蒸压灰砂砖   D. 烧结空心砖

13. 一根直径为 20mm 的钢筋，屈服荷载为 102kN，极限最大荷载为 141kN，则该钢筋的屈服强度为（　　　）MPa。

A. 325   B. 449   C. 224.5   D. 162.5

14. 钢材在常温下承受弯曲变形的能力，称为（　　　）。

A. 力学性能   B. 工艺性能

C. 冷弯性能   D. 冲击韧性

15. 以下关于煤沥青与石油沥青的主要区别说法错误的是（　　　）。

A. 煤沥青比石油沥青的韧性好

B. 煤沥青比石油沥青的抗腐蚀性好

C. 煤沥青比石油沥青的温度敏感性差

D. 煤沥青比石油沥青的防水性差

三、判断题（对的请打"√"，错的请打"×"，每题 1 分，共 10 分）

（　　）1. 提高水泥混凝土构件的密实度，可以提高其抗腐蚀能力。

（　　）2. 水泥颗粒越细，水泥质量越好。

（　　）3. 普通混凝土中需要水泥浆包裹砂、石的表面，并填充砂、石间的空隙。

（　　）4. 混合砂浆比水泥砂浆的和易性好，因此用混合砂浆砌筑的砌体质量更好。

（　　）5. 多孔砖和空心砖的壁和肋越厚，则砖的强度越高。

（　　）6. 钢材的强屈比越大，钢材的利用率越低，安全可靠度越低。

（　　）7. 天然大理石和花岗石装饰性好，价格高，多用作室内外的高级装修。

（　　）8. 建筑石油沥青的黏度大，延伸变形性能较好。

（　　）9. 在建筑中，习惯将用于控制室内热量外流的材料叫作隔热材料。

（　　）10. 木材含水率的大小对木材强度影响较大，含水率适中时，强度最大。

四、简答题（每题 5 分，共 25 分）

1. 钢筋进场验收的主要内容有哪些？

2. 木材中的自由水和吸附水对木材的哪些性能有影响？

3. 预拌砂浆的贮存有什么要求？

4. 混凝土的碱-骨料反应可以采用哪些预防措施？

5. 什么是水泥的碳酸腐蚀？

五、计算题（每题 5 分，共 15 分）

1. 某工地所用碎石，其密度为 2.65g/cm³，堆积密度为 1680kg/m³，表观密度为 2.61g/cm³，求该碎石的空隙率及孔隙率（设该碎石颗粒中的孔隙均为闭口孔隙，结果保留到小数点后 1 位）。

2. 已知混凝土的设计配合比为 $m_c : m_s : m_g = 280 : 625 : 1275$，$W/C = 0.62$，施工现场砂含水率为 6%，石子含水率为 2%，求施工配合比。

3. 设计强度为 M5、稠度为 70～90mm 的砌筑砂浆配合比设计。采用中砂，堆积密度：1400kg/m³，含水率：2%；石灰膏的稠度为 120mm，水泥强度等级为 32.5 级的火山灰质硅酸盐水泥，实测强度为 $f_{ce} = 33MPa$；施工水平一般，$\sigma = 1.25$，$k = 1.2$，$\alpha = 3.03$，$\beta = -15.09$，$Q_A = 320kg/m³$。要求配制水泥石灰混合砂浆。

模拟自测 4

题号	一	二	三	四	五	总分
得分						

一、填空题（每空 1 分，共 20 分）

1. 材料的耐水性是指材料在长期吸水饱和作用下，_____不显著降低的性质。

2. 石油沥青的三大技术指标是_____、_____和_____。

3. 石灰按其煅烧程度分为正火石灰、_____和_____。

4. _____、_____、_____是装饰石材中最主要的三个种类。

5. 材料的隔声能力可通过材料对声波的_____系数来衡量，系数越小，材料的隔声性能_____。

6. 木材的含水量用_____表示，木材所含水分由_____、_____和结合水三部分组成。

7. 在正常养护条件下，混凝土_____天达到设计强度。

8. _____和_____是在炼钢时为了脱氧去硫而加入的元素。

9. 软化系数大于_____的材料，通常可认为是耐水的材料。

10. 弹性体改性沥青防水卷材机械性能好，_____、_____、弹性和低温性能也很好。

二、单项选择题（每题 2 分，共 30 分）

1. 采用粗砂配制混凝土，砂率应适当（   ）。

A. 增加   B. 减少   C. 不变   D. 按实际确定

2. 经验证明，混凝土强度随水灰比增大而（   ）。

A. 增大   B. 无法确定   C. 不变   D. 减小

3. 试配混凝土时，若拌合物的流动性不足，宜采取（   ）措施改善。

A. 增大水灰比，直接加水   B. 增大砂率

C. 减小砂率   D. 保持水灰比不变，增加水泥浆

4. 用于大体积混凝土、长时间或长距离运输的商品混凝土常用的外加剂是（   ）。

A. 减水剂   B. 引气剂   C. 早强剂   D. 缓凝剂

5. 会使钢材产生"冷脆"现象的化学元素是（   ）。

A. 硫   B. 氧   C. 磷   D. 硅

6. 表示材料耐水性的指标是（   ）。

A. 软化系数   B. 渗透系数   C. 抗冻系数   D. 强度

7. 用于外墙的抹面砂浆，在选择胶凝材料时，应以（   ）为主。

A. 水泥   B. 石灰   C. 石膏   D. 镁质胶凝材料

8. 水泥加水拌合后，从最初的可塑性浆体到失去可塑性的过程为（   ）。

A. 初凝   B. 终凝   C. 凝结   D. 硬化

9. 水泥浆在混凝土材料中，硬化前和硬化后是起（　　）作用。

A. 胶结　　　　　　　B. 润滑和胶结　　　　　C. 填充　　　　　　　D. 润滑和填充

10. 用沸煮法检验水泥体积安定性，只能检查出（　　）的影响。

A. 游离 CaO　　　　　B. 游离 MgO　　　　　　C. 石膏　　　　　　　D. SO₃

11. 下列说法正确的是（　　）。

A. 石料、砖、混凝土、木材都属于憎水性材料

B. 材料在自然状态下的体积是指材料体积内固体物质所占的体积

C. 材料的吸水率大小与材料的孔隙率和孔隙特征有关

D. 吸水性是指材料在空气中能吸收水分的性质

12. 建筑材料的密度和堆积密度之间的关系是（　　）。

A. 密度总是大于堆积密度

B. 密度总是小于堆积密度

C. 密度和堆积密度没有固定关系

D. 密度和堆积密度在数值上相等

13. 含水率为 10% 的湿砂 220g，其中水的质量为（　　）。

A. 19.8g　　　　　　　B. 22g　　　　　　　　　C. 20g　　　　　　　　D. 20.2g

14. 用标准黏度计测沥青黏度时，在相同温度和孔径条件下，流出时间越长，沥青的黏性（　　）。

A. 越大　　　　　　　B. 越小　　　　　　　　　C. 无相关关系　　　　D. 不变

15. 建筑木材的力学性质与（　　）等有密切关系。

A. 含水率　　　　　　B. 温度　　　　　　　　　C. 荷载状态　　　　　D. 木材缺陷

三、判断题（对的请打"√"，错的请打"×"，每题 1 分，共 10 分）

（　　）1. 气硬性胶凝材料一般耐水性能较差。

（　　）2. 吸水率小的材料，其孔隙率一定小。

（　　）3. 大体积混凝土施工应采用普通水泥。

（　　）4. 代号为 P·F 的通用硅酸盐水泥是复合硅酸盐水泥。

（　　）5. 防水材料的主要作用是防水。

（　　）6. 影响砂浆抗压强度最主要的因素是石灰。

（　　）7. 普通碳素结构钢的含碳量越高，可焊性越好。

（　　）8. 在混凝土中，细度模数表示砂子的颗粒粗细程度。

（　　）9. 木材的四个强度中以顺纹抗拉强度为最大。

（　　）10. 石油沥青的软化点越高，则其温度敏感性越小。

四、简答题（每题 5 分，共 25 分）

1. 材料吸水或吸湿后会对其性质产生哪些影响？

2. 为什么说建筑石膏的防火性好?

3. 水泥浆用量对混凝土拌合物的和易性有什么影响?

4. 简述钢材化学锈蚀和电化学锈蚀的区别。

5. 应如何做好防水涂料的贮运及保管工作?

五、计算题（每题 5 分，共 15 分）

1. 一质量为 4kg、体积为 10.0L 的容量筒，内部装满最大粒径为 20mm 的干燥碎石，称得总质量为 20.8kg。向筒内注水，待石子吸水饱和后加满水，称得总质量为 25kg。将此吸水饱和的石子用湿布擦干表面，称得其质量为 18kg。试求该碎石的堆积密度、质量吸水率、表观密度。

2. 用直径为 25mm 钢筋做拉伸试验，达到屈服时的读数为 125kN，达到强化极限时的读数为 198.5kN，试件原始标距长度 L_0 为 125mm，拉断后的长度为 162mm，求该钢筋的屈服强度、抗拉强度、伸长率各为多少?

3. 混凝土施工配合比为 $1:2:4$，$W/C=0.6$，$\sigma=4MPa$，$\alpha=0.41$，$\beta=0.25$，水泥强度等级为 32.5，实测强度为 36.5MPa，试估算用此配合比所配制的混凝土强度等级是否能达到 C20。$\left[f_{cu,0}=\alpha f_{ce}(C/W-\beta)\right]$

模拟自测 5

题号	一	二	三	四	五	总分
得分						

一、填空题（每空 1 分，共 20 分）

1. 当孔隙率相同时，材料中分布均匀且细小的封闭孔隙含量越大，则其吸水率越_____、保温性能越_____、耐久性越_____。

2. 在水中或长期潮湿的状态下使用的材料，应考虑材料的_____性。

3. 与花岗岩比，大理石质地细腻，多呈条纹、斑状花纹，其耐磨性比花岗岩_____，属于碳酸盐类岩石，_____用于室外。

4. _____和_____是衡量钢材强度的两个重要指标。

5. 材料的抗冻性以材料在吸水饱和状态下所能抵抗的_____次数来表示。

6. 纤维板按原料不同分为_____纤维板和_____纤维板两类。

7. 砂浆按用途可分为_____、_____、_____、_____。

8. 声波遇到材料表面时，一部分被_____，另一部分穿透材料。

9. 钢材中随着含碳量的增加，其强度和硬度_____，塑性和韧性_____。

10. 砂浆是由胶凝材料、_____和水，有时也加入_____混合而成。

二、单项选择题（每题 2 分，共 30 分）

1. 根据组成分类，下列材料中不属于有机材料的是（　　）。

A. 沥青　　　　　B. 水玻璃　　　　　C. 涂料　　　　　D. 塑料

2. 材料的比强度体现材料（　　）方面的性能。

A. 强度　　　　　B. 耐久性　　　　　C. 抗渗性　　　　　D. 轻质高强

3. 当材料的润湿角 θ（　　）时，称为憎水性材料。

A. ≥90°　　　　　B. ≤90°　　　　　C. =0°　　　　　D. >90°

4. 下列材料中属于水硬性胶凝材料的是（　　）。

A. 沥青　　　　　B. 水玻璃　　　　　C. 石膏　　　　　D. 白水泥

5. 水泥初凝时间不符合要求，该水泥（　　）。

A. 可用于次要工程　　　　　　　　B. 报废

C. 视为不合格　　　　　　　　　　D. 可加早凝剂后使用

6. 以下说法错误的是（　　）。

A. 材料吸湿性的大小，取决于材料本身的组织结构和化学成分

B. 材料含水率的大小与周围空气的相对湿度和温度有关

C. 材料吸水或吸湿后导热性增加

D. 材料吸水或吸湿后保温性能降低

7. 建筑工程中用量最大的防水材料是（　　）。

A. 无机防水材料　　　　　　　　　B. 有机防水材料

C. 金属防水材料　　　　　　　　　　　　D. 涂料

8. （　　）表征在恶劣变形条件下钢材的塑性，能揭示内应力、杂质等缺陷。

A. 可焊性　　　　　　　　　　　　　　　B. 耐疲劳性

C. 断后伸长率　　　　　　　　　　　　　D. 冷弯性能

9. 下列关于混凝土用砂的说法中错误的是（　　）。

A. 配制混凝土用砂一定要考虑砂子的颗粒级配

B. 配制混凝土用砂有时会考虑砂子的粗细程度

C. 砂子的级配曲线表示砂子的颗粒级配

D. 细度模数表示砂子的颗粒粗细程度

10. 下列（　　）不是蒸压加气混凝土砌块的特点。

A. 轻质　　　　　　　　　　　　　　　　B. 保温隔热

C. 加工性能好　　　　　　　　　　　　　D. 韧性好

11. 在以下钢筋牌号标志中（　　）是抗震钢筋。

A. HRB500　　　　　　　　　　　　　　　B. HRBF500

C. HRB500E　　　　　　　　　　　　　　D. HPB300

12. 混凝土的耐久性主要取决于（　　）。

A. 水泥品种　　　　　　　　　　　　　　B. 水灰比

C. 骨料种类　　　　　　　　　　　　　　D. 以上都是

13. 根据木材的特性，以下不属于针叶木材的是（　　）。

A. 红松　　　　　　　　　　　　　　　　B. 白松

C. 冷杉　　　　　　　　　　　　　　　　D. 水曲柳

14. 砌筑砂浆的流动性指标通常以（　　）表示

A. 沉入度　　　　　　　　　　　　　　　B. 沉实度

C. 振实度　　　　　　　　　　　　　　　D. 水灰比

15. 以下关于新型建筑材料发展趋势的说法，错误的是（　　）。

A. 多功能化　　　　　　　　　　　　　　B. 单一化

C. 绿色化　　　　　　　　　　　　　　　D. 高性能化

三、判断题（对的请打"√"，错的请打"×"，每题1分，共10分）

（　　）1. 热轧钢筋是工程上用量最大的钢材品种之一，主要用于钢筋混凝土的配筋。

（　　）2. 砂浆在建筑工程中起粘结、垫层和传力的作用。

（　　）3. 砂浆的和易性的技术指标与混凝土的完全相同。

（　　）4. 混凝土和易性调整时，不应改变混凝土水灰比。

（　　）5. 水泥强度等级应与要求配制的混凝土强度等级相适应。混凝土的强度等级越高，所选择的水泥强度等级也越高。

（　　）6. 在有隔热保温要求的工程设计时，应尽量选用比热大，导热系数小的材料。

（　　）7. 衡量钢材的冷弯性能，弯曲角度越小，冷弯性能越好。

（　　）8. 混凝土流动性好则混凝土黏聚性和保水性也好。

（　　）9. 贮存和使用水泥时应后入库的先用。

（　　）10. 硅酸盐水泥中C_2S的早期强度低，后期强度高，而C_3S正好相反。

四、简答题（每题 5 分，共 25 分）

1. 水泥的体积安定性不合格会对混凝土造成哪些危害？

2. 骨料的质量如何影响混凝土的强度？

3. 冷弯试验后如何评价钢材的冷弯性能是否合格？

4. 什么是改性沥青？改性沥青的品种主要有哪些？

5. 木材含水率的变化对强度有哪些影响？

五、计算题（每小题 5 分，共 15 分）

1. 对某砂试样进行筛分析，结果如下，试求该砂的分计筛余（％）和累计筛余（％），并判断该砂的粗细程度。

筛孔尺寸(mm)	5	2.5	1.25	0.63	0.315	0.16	<0.16
筛余量(g)	20	10	110	190	110	45	15
分计筛余(%)							
累计筛余(%)							

解：

筛孔尺寸(mm)	5	2.5	1.25	0.63	0.315	0.16	<0.16
筛余量(g)	20	10	110	190	110	45	15
分计筛余(%)							
累计筛余(%)							

2. 运来含水率 5％的砂子 500t，实为干砂多少吨？若需干砂 500t，应进含水率 5％的砂子多少吨？

3. 一组混凝土标准试块，养护 28d 后破坏荷载为 475kN、551kN、427.5kN，试评定混凝土的立方体抗压强度。

参考答案

单元 1　绪论

一、名词解释：略

二、填空题：略

三、判断题

1	2	3	4	5	6	7	8	9	10
√	×	×	√	√	×	√	×	×	√
11	12	13	14	15	16	17	18	19	20
×	√	√	√	×	√	√	×	×	×

四、单项选择题

1	2	3	4	5	6	7	8	9	10	11	12	13	14	15
B	D	D	D	B	C	A	B	A	B	C	D	C	A	B
16	17	18	19	20	21	22	23	24	25	26	27	28	29	30
C	A	C	D	B	D	A	C	A	D	B	C	D	C	D

五、简答题：略

六、计算题

1.密实度：96.1%，表观密度：2.60g/cm³。

2.密度：5g/cm³，表观密度：3g/cm³，孔隙率：40%。

3.孔隙率：1.89%，空隙率：36.54%。

4.密度：2235kg/m³。

5.堆积密度：1500kg/m³，表观密度：1563kg/m³。

6.实际应称取砂：803kg，实际应称取碎石：1107kg。

7.钢筋的抗拉强度：408.04MPa。

单元 2　气硬性胶凝材料

一、名词解释：略

二、填空题：略

三、判断题

1	2	3	4	5	6	7	8	9	10	11	12	13	14	15
×	×	×	√	√	×	×	×	×	√	×	×	√	×	×

四、单项选择题

1	2	3	4	5	6	7	8	9	10	11	12	13	14	15
B	A	C	A	C	D	B	C	D	A	D	C	C	D	B

五、简答题：略

单元 3　水泥

一、名词解释：略

二、填空题：略

三、判断题

1	2	3	4	5	6	7	8	9	10	11	12	13	14
√	×	×	×	×	√	√	×	×	×	√	×	×	√

四、单项选择题

1	2	3	4	5	6	7	8	9	10
B	B	A	C	C	A	A	C	C	B
11	12	13	14	15	16	17	18	19	20
A	A	B	C	B	B	C	A	A	A

五、简答题：略

六、计算题

该水泥 3d 抗压强度为 18.75MPa，28d 抗压强度为 44.06MPa，3d 抗折强度为 4.21MPa，28d 抗折强度为 6.87MPa，该水泥试样强度等级为 42.5 级。

单元 4　混凝土

一、名词解释：略

二、填空题：略

三、判断题

1	2	3	4	5	6	7	8	9	10	11	12	13	14
×	√	×	×	√	√	√	×	×	√	√	×	√	×
15	16	17	18	19	20	21	22	23	24	25	26	27	28
√	×	×	√	×	√	√	×	√	√	×	√	×	√

四、单项选择题

1	2	3	4	5	6	7	8	9	10	11	12
A	B	C	D	A	C	C	D	B	A	B	C
13	14	15	16	17	18	19	20	21	22	23	24
D	D	B	B	D	B	B	B	B	B	D	C

五、简答题：略

六、计算题

1.（1）每立方米混凝土的水泥用量：298kg，水用量：179kg，河砂用量：655kg，碎石用量：1250kg。

（2）施工配合比为：$m_c' = 298$kg，$m_s' = 678$kg，$m_g' = 1263$ kg，$m_w' = 144$kg。

2. 根据已知条件求得的 $f_{cu,k} = 14.64$MPa< 20MPa。故用此配合比所配制的混凝土未达到 C20 的强度等级。

3. $f_{cu,0} = 20.0$MPa，该混凝土的强度等级为 C20。

单元5　砂浆

一、名词解释：略

二、填空题：略

三、判断题

1	2	3	4	5	6	7	8	9	10	11	12	13	14	15
×	√	√	×	√	×	√	×	√	×	×	×	×	×	×

四、单项选择题

1	2	3	4	5	6	7	8	9	10	11	12	13	14	15
B	C	C	D	D	C	A	A	D	A	D	A	B	C	D

五、简答题：略

六、计算题

1. 配合比：水泥：石灰膏：砂：水$=275：75：1444：286=1：0.27：5.25：1.04$。

2. 该组砂浆的抗压强度为 7.02MPa，未达到 M7.5 砂浆的要求，砂浆强度不合格。

单元 6 墙体材料

一、名词解释：略

二、填空题：略

三、判断题

1	2	3	4	5	6	7	8	9	10	11	12
√	×	×	√	×	×	×	√	×	√	×	√

四、单项选择题

1	2	3	4	5	6	7	8	9
C	A	D	C	B	A	C	B	D
10	11	12	13	14	15	16	17	18
C	C	A	B	D	C	D	D	B

五、简答题：略

六、案例分析：略

单元 7 建筑钢材

一、名词解释：略

二、填空题：略

三、判断题

1	2	3	4	5	6	7	8	9	10	11	12	13	14	15
√	×	×	×	×	√	×	×	√	×	×	√	×	×	√

四、单项选择题

1	2	3	4	5	6	7	8	9	10	11	12
B	C	D	A	B	A	B	A	A	C	B	C
13	14	15	16	17	18	19	20	21	22	23	24
D	A	D	A	C	C	C	B	C	D	A	B

五、简答题：略

六、计算题

1. 伸长率为 33.1%。

2. 屈服强度为 376MPa，抗拉强度为 559MPa，屈强比为 0.67，伸长率为 35%。

单元 8　防水材料

一、名词解释：略

二、填空题：略

三、判断题

1	2	3	4	5	6	7	8	9	10	11
√	×	√	×	√	×	√	√	×	√	×

四、单项选择题

1	2	3	4	5	6	7	8	9	10
C	A	B	C	A	C	D	A	B	C

五、简答题：略

六、计算题

140 号沥青用量：$60 \times 31.3\% = 18.8t$，30 号沥青用量：$60 \times 68.7\% = 41.2t$。

单元 9　木材

一、名词解释：略

二、填空题：略

三、判断题

1	2	3	4	5	6	7	8	9	10	11	12	13	14
×	×	×	√	×	×	√	√	√	×	√	×	×	√

四、单项选择题

1	2	3	4	5	6	7	8	9	10	11	12
B	D	A	B	D	C	B	D	D	A	A	B

五、简答题：略

单元 10　其他工程材料

一、名词解释：略

二、填空题：略

三、判断题

1	2	3	4	5	6	7	8	9	10	11	12	13	14	15
√	×	×	√	√	×	√	×	×	√	×	√	×	×	×

四、单项选择题

1	2	3	4	5	6	7	8	9	10	11	12	13	14	15
B	C	D	D	C	A	A	C	B	D	B	A	D	A	C

五、简答题：略

模拟自测 1

一、填空题：略

二、单项选择题

1	2	3	4	5	6	7	8	9	10	11	12	13	14	15
D	B	A	D	A	D	C	A	B	D	A	C	C	A	C

三、判断题

1	2	3	4	5	6	7	8	9	10
×	√	√	×	×	√	√	×	√	×

四、简答题：略

五、计算题

1. 细度模数 3.7。

2. 施工配合比的水泥用量为 329kg，水用量为 153kg，砂用量为 656kg，石用量为 1263kg。

3. 干砂的质量：96.15t，含有水分的质量：3.85t。

模拟自测 2

一、填空题：略

二、单项选择题

1	2	3	4	5	6	7	8	9	10	11	12	13	14	15
D	A	B	D	A	A	C	B	C	C	C	A	C	C	D

三、判断题

1	2	3	4	5	6	7	8	9	10
√	×	×	√	×	√	√	×	×	×

四、简答题：略

五、计算题

1. 掺入软化点为 49℃的石油沥青：8.7t，软化点为 95℃的石油沥青 11.3t。

2. 表观密度：$1.81g/cm^3$，含水率：3.8％，质量吸水率：9.4％，体积吸水率：17.1％。

3. 水泥：380kg，砂子：572kg，石子：1273kg。

模拟自测 3

一、填空题：略

二、单项选择题

1	2	3	4	5	6	7	8	9	10	11	12	13	14	15
A	D	B	D	C	B	C	A	C	A	D	D	A	C	A

三、判断题

1	2	3	4	5	6	7	8	9	10
√	×	√	√	√	×	×	×	×	√

四、简答题：略

五、计算题

1. 空隙率：36.6％，孔隙率：1.5％。

2. 水泥：280kg，砂子：663kg，石子：1301kg，水：111kg。

3. 水泥：石灰膏：砂：水＝211：109：1428：272。

模拟自测 4

一、填空题：略

二、单项选择题

1	2	3	4	5	6	7	8	9	10	11	12	13	14	15
A	D	D	D	C	A	A	A	B	A	C	A	C	A	A

三、判断题

1	2	3	4	5	6	7	8	9	10
√	×	×	×	√	×	×	√	√	√

四、简答题：略

五、计算题

1. 堆积密度：$1.68g/cm^3$，质量吸水率：7.1％，表观密度：$2.9g/cm^3$。

2. 屈服强度：254.8MPa，抗拉强度 404.6MPa，伸长率 29.6％。

3. $f_{cu,k}$＝14.6MPa＜20MPa，混凝土未达到 C20 的强度等级。

模拟自测 5

一、填空题：略

二、单项选择题

1	2	3	4	5	6	7	8	9	10	11	12	13	14	15
B	D	D	D	C	C	B	D	B	D	C	D	D	A	B

三、判断题

1	2	3	4	5	6	7	8	9	10
√	√	×	√	√	√	×	×	×	×

四、简答题：略

五、计算题

1. 细度模数：2.76，属于中砂。

2. 干砂质量：476.19t，含水砂子质量：525t。

3. 该组混凝土试块的立方体抗压强度取 21.1MPa。

参考文献

[1] 牟万利. 建筑材料同步训练 [M]. 北京：高等教育出版社，2021.

[2] 安娜. 建筑材料实训指导书与习题集 [M]. 北京：中国建筑工业出版社，2007.

[3] 郭秋生. 建筑工程材料检测 [M]. 北京：中国建筑工业出版社，2018.

[4] 卢经扬. 建筑材料与检测 [M]. 北京：中国建筑工业出版社，2018.

[5] 苏建斌. 建筑材料 [M]. 北京：中国建筑工业出版社，2024.

[6] 任淑霞. 建筑材料习题集 [M]. 北京：中国水利水电出版社，2013.

[7] 谭平. 建筑材料 [M]. 北京：北京理工大学出版社，2019.

[8] 廖春洪. 建筑材料与检测 [M]. 北京：中国建筑工业出版社，2021.

[9] 肖忠平，徐少云. 建筑材料与检测 [M]. 北京：化学工业出版社，2020.